心法

稻盛和夫的经营哲学

吴学刚◎编著

云南出版集团
云南人民出版社

图书在版编目（CIP）数据

心法：稻盛和夫的经营哲学 / 吴学刚 编著．-- 昆明：云南人民出版社，2020.11
ISBN 978-7-222-19748-0

Ⅰ．①心… Ⅱ．①吴… Ⅲ．①稻盛和夫 (Kazuo, Inamori 1932-) —企业管理—经验 Ⅳ．① F279.313.3

中国版本图书馆 CIP 数据核字 (2020) 第 195710 号

责任编辑：刘　娟
装帧设计：周　飞
责任校对：吴　虹
责任印制：马文杰

心法：稻盛和夫的经营哲学
XINFA：DAOSHENGHEFU DE JINGYING ZHEXUE
吴学刚　编著

出版	云南出版集团　云南人民出版社
发行	云南人民出版社
社址	昆明市环城西路609号
邮编	650034
网址	www.ynpph.com.cn
E-mail	ynrms@sina.com
开本	880mm × 1230mm 1/32
印张	7
字数	150千
版次	2020年11月第 1 版第 1 次印刷
印刷	永清县晔盛亚胶印有限公司
书号	ISBN 978-7-222-19748-0
定价	38.00元

如有图书质量及相关问题请与我社联系
审校部电话：0871-64164626　印刷科电话：0871-64191534

云南人民出版社公众微信号

前　言

稻盛和夫是当代日本著名企业家，他与松下公司的创始人松下幸之助、索尼公司的创始人盛田昭夫、本田公司的创始人本田宗一郎被并称为日本“经营四圣”。其中，稻盛和夫是最年轻的一位，也是目前唯一在世的一位。可以毫不夸张地说，稻盛和夫不仅是日本的“经营之圣”，同时也是世界的“经营之圣”。不管是论功绩，还是论影响力、论思想，稻盛和夫都无愧于世界“经营之圣”的美誉。

稻盛和夫的经营模式与管理理念受到众多企业经营者的追捧，而代表了他的思想并以之体现企业经营价值观的“稻盛哲学”，被视为体现人类良知与睿智的思想之花。因为推动了企业的迅速发展，稻盛和夫的经营哲学更是被日本企业界奉为圭臬。稻盛和夫创立京瓷株式会社至今长达半个世纪之久，历经了多次经济萧条时期。20世纪70年代的“石油危机”对企业的冲击是摧毁性的，但在稻盛和夫的带领下，企业冲出了两次石油危机的困境，之后又冲破了80年代的日元升值危机、90年代的经济泡沫危机、2000年的IT泡沫危机等。因深谙在危机中求生存的经营之道，稻盛和夫的企业非但没有深陷经济萧条的泥潭，反而借危机之势得以飞跃。

另外，他又凭借其独特的“稻盛哲学”而享誉世界，从他创办的培训机构“盛和塾”中走出了数以万计的企业家和成功人士。目前，全世界有超过60家盛和塾，塾生超过6000人。塾生当中，有超过百人的公司是上市公司。在我国的北京、无锡、青岛等地，也先后成立了多家分塾。形象一点说，盛和塾俨然成了一家世界级的商学院。

许多人这样评价他：“他是哲学家中最成功的企业家，也是企业家中最成功的哲学家。”这样奇高的评价其实并不为过，他不仅开创了“稻盛哲学”，而且将这种哲学理念成功地运用到日常生活和工作中。

稻盛和夫说：“‘作为人，何谓正确’把这一理念当作判断一切事物的标准，就会让我们学会用正确的态度去做正确的事情，并且用正确的方式贯彻到底。”正是基于这种思想，稻盛和夫在经营企业的过程当中，发明了著名的“阿米巴经营”，将自己的经营哲学成功地落实到企业的具体运作模式之上。

从表面上来看，阿米巴经营就是一种简单的管理方法。但是，真正深入地了解了阿米巴经营之后就会发现：阿米巴经营就是一种基于企业哲学的经营模式，在追求员工的物质和精神的两方面幸福的同时，为企业的发展提供巨大的发展动力。所以有人说，稻盛和夫的阿米巴经营就是一场企业经营意识上的革命，他让大多数的人都明白了在企业经营中不仅仅是追求利润的问题，更多的时候应该是出于一种人性的经营，让企业成为一个真正能够有益于社会的营利组织。

本书从独特的视角，清晰地再现了稻盛和夫的经营哲学，深刻地剖析了阿米巴经营理念。无论是有志创业者，还是渴望汲取经验助己之力以取得更大成功的经营者，皆可从中得到有益之启发与可鉴之良方。可以说，每一个阅读过本书的读者，都能够受到深刻的启发，不但能学会管理之道，更能够学会经营之道，让他们更好地去对待自己的工作和事业。

目　　录

第一章　以心为本的经营——经营企业就是经营人心

第二章　阿米巴经营——全员主动参与经营

第三章　意志式经营——付出不亚于任何人的努力

第四章　共同经营——经营不能靠经营者单枪匹马

第五章　“利他”经营——敬天爱人，与人为善

第六章 高效益经营——销售最大化，成本最小化

第一章

以心为本的经营
——经营企业就是经营人心

我到现在所做的经营，是以心为本的经营。换句话说，我的经营就是围绕着怎样在企业内建立一种牢固的、相互信任的人与人之间的关系这么一个中心点进行的。

——稻盛和夫

1. 和谐的氛围可以激发员工激情

当有人问稻盛和夫为何能将企业管理如此之好，稻盛和夫先生则说：“我到现在所做的经营，是以心为本的经营。换句话说，我的经营就是围绕着怎样在企业内建立一种牢固的、相互信任的人与人之间的关系这么一个中心点进行的。”即怎样与同事友好相处，怎样建立一个紧密合作的团队。他采用明确的员工认可的奋斗目标来凝聚大家，激发大家共同关注企业的发展。此外，还将员工的利益和企业的目标统一起来；建立一个坚强有力、办事公平的领导集体。

“以心为本”具体体现在对待员工的仁爱之心，对待合作伙伴的利他之心，对待社会的回报之心。稻盛和夫先生将此融入企业管理之中。建立起企业与员工、企业与社会的相互关系，形成具有稻盛和夫特色的经营哲学。

身为公司高管，稻盛和夫尽力抑制自私的本能，有意摒弃私利，甚至愿意为了公司和赢得员工的爱，甘愿以生命作为赌注。稻盛和夫先生说：“虽然人心脆弱不定，但是人心之间的联结却是所有已知现象中最为强韧的。”因此，他要做到信赖自己的员工，更要予以尊敬，并不时赞赏他们、鼓励他们，给他们一种亲切感，从而他们会更加努力工作，公司内部关系也会变得和谐。

“管理就是要重纪律，也不要忘了奖赏。员工如果从主管严峻的外表下感受到一颗温暖的心，一定会愿意追随。”稻盛和夫先生认为，要在企业内建立人们精神上的相互信任，心心相印，建立命运共同体。要使大家的命运紧密相连于一个核心。他经常让员工以小组为单位，一起阅读、学习，他还常常教导员工要“变成相互信任的同志”，要“能和他人同甘共苦”等。他以其独到的方式感染每一个人，使其愿意为公司付出辛劳，从而也由此产生一种相互信任的感情。

对企业来说，“人”是企业最重要，最核心的“部件”，提升企业中员工的素质是很有必要的。

松下幸之助曾经说过：“事业的成功，首先在人和。”在管理实践中，松下十分重视“人和”，以此来调适和化解内部矛盾，使企业员工在共同价值观念和共同的企业目标基础上，形成相依相存、和谐融合的氛围，产生出对企业的巨大向心力和认同感。

松下电器公司获得成功的一个重要因素是“精神价值观”在起作用。松下幸之助规定公司的活动原则是：“认清实业家的责任，鼓励进步，促进全社会的福利，致力于世界文化的繁荣发展。”松下先生给全体员工规定的经营信条是：“进步和发展只能通过公司每个人的共同努力和协力合作才能实现。”进而，松下幸之助还提出了“产业报国、光明正大、友善一致、奋斗向上、礼节谦让、顺应同化、感激报恩”七方面内容构成的“松下精神”。

在日常管理活动中，公司非常重视对广大员工进行“松下精神”的宣传教育。每天上午八时，松下公司遍布各地的87000多名职工都在背诵企业的信条，放声高唱《松下之歌》松下电器公司是日本第一家有精神价值观和公司之歌的企业。在解释“松下精神”时，松下幸之助有一句名言，如果你犯了一个诚实的错误，公司是会宽恕你的，把它作为一笔学费；而你背离了公司的价值规范，就会受到严厉的批评，直至解雇，正是这种精神价值观的作用，使得松下公司这样一个机构繁杂、人员众多的企业产生了强劲的内聚力和向心力。

与此同时，松下电器公司建立的“提案奖金制度”也是很有特色的。公司不仅积极鼓励职工随时向公司提建议，还由职工选举成立了一个推动提供建议的委员会。在公司职员中广为号召，收到了良好的效果。仅1985年1月到10月，公司下属的技术工厂虽只有1500名职工，提案却多达7万5千多个，平均每人50多个。1986年，全公司职工一共提出了663475个提案建议，其中被采纳的多达61299个，约占全部提案的10%。公司对每一项提案都予以认真的对待，及时、全面、公正地组织专家进行评审，观其价值大小，可行性与否，给予不同形式的奖励。即使有些提案不被采纳，公司仍然要给以适当的奖赏。仅1986年一年，松下电器公司用于奖励职员提案的奖金就高达30多万美元。正如松下电器公司劳工关系处处长阿苏津所说："即使我们不公开提倡，各类提案仍会源源而来，我们的职工随时随地在家里、在火车上，甚至在厕所里都在思索提案。"

松下幸之助经过常年观察研究后发现：按时计酬的职员仅能发挥工作效能的20%～30%，而如果受到充分激励则可发挥80～90%。于是松下先生十分强调"人情味"管理，学会合理的"感情投资"和"感情激励"，即拍肩膀、送红包、请吃饭。

值得一提的是他们的"送红包"。当你完成一项重大技术革新，当你的一条建议为企业带来重大效益的时候，管理者会不惜代价地重赏你。他们习惯于用信封装上钱款，个别而不是当众送给你。对员工来说，这样做可以避免别人，尤其是一些"多事之徒"不必要的斤斤计较，减少因奖金多寡而滋事的可能。

至于逢年过节，或是厂庆，或是职工婚嫁，厂长经理们都会慷慨解囊，请员工赴宴或上门贺喜、慰问。在餐桌上，上级和下属可尽情唠家常，谈时事，提建议，气氛和睦融洽，它的效果远比站在讲台上向员工发号施令好得多。

为了消除内耗，减轻员工的精神压力，松下公司公共关系部还专门开辟了一间"出气室"。里面摆着公司大大小小行政人员与管理人员的橡皮塑像，旁边还放上几根木棒，铁棍。假如哪位职工对自己某位主管不满，心有怨气，你可以随时来到这里，对着他的塑像拳脚相加棒打一顿，以解心中积郁的闷气。过后，有关人员还会找你谈心聊天，沟通思想，给你解惑指南。久而久之，在松下公司就形成上下一心、和谐相容的“家庭式”氛围。

古人说：“欲谋胜败，先谋人和。”好的工作氛围能提升员工的工作效率。相反，坏的工作氛围会扼杀员工的工作热情、积极性和创造力。管理者应充分认识到工作氛围的重要性，尽可能营造出员工乐于接受、利于团队发展的工作氛围。

营造工作氛围最好从企业文化出发，从企业文化建设着手，激发员工的工作激情，营造相互帮助、相互理解、相互激励、相互关心的工作氛围，从而稳定员工工作情绪，形成共同的价值观，进而产生合力，达成组织目标。

创建和谐的工作氛围，并不是呆板地整齐划一，而是利用大多数成员的方式将大家最大限度地统一起来。如果不能学会采用下属的方式，哪怕只有一个下属，也难以建立和谐的关系。只有用成员最常用的方式，团队成员才乐于接受，从而保证团队和谐。

2. 与下属一起分享成果

在稻盛和夫看来，企业不单单是一个大组织，更是一个大的团队，一个企业，只有当它像一个和谐一致的团队一样发展时，它才能够获得永葆基业常青的可能。所以稻盛和夫说："企业就像一块大蛋糕，每一个人都想吃一口，而且都想着吃到很大一口，这就带来了利益分配上的冲突。所以，企业要想获得强大的凝聚力，就必须让所有的人都学会分享。在京瓷集团中，我要求每一个阿米巴的领导都要学会分享，在分享中提升自己的心性，让自己成为最受员工爱戴的领导。"

对于现代的任何一个企业而言，让企业拥有一个和谐一致的工作氛围是让企业快速成长起来的重要条件之一。在京瓷集团的发展历程中，几乎所有的阿米巴领导人都非常注意——不要去和员工争夺利益，争取保护好每一个员工的权益，让员工们学会保护自己利益的同时也学会分享，从而保证阿米巴的健康运转。

1972年，京瓷打出一个宣传口号："月销量达到10亿日元就去夏威夷！"就在去年，月销量只有五六亿日元，今年的目标却整整翻了一倍。

当时，能够境外旅游，对于大部分人来说，都是可望而不可即的奢侈消费。很多人就问有没有二等奖，于是稻盛和夫就向员工许诺，如果达到9亿日元，京瓷全体员工就到香港去旅游。

结果，当年的销售量达到了9. 7亿日元，稻盛和夫信守承诺，带领着1300名员工一起去香港旅游。

很多员工都是首次海外旅行，所以场面非常的热闹。京瓷有一个非常平等的信条，从打扫卫生的大婶，到稻盛和夫本人，在旅游当中都一视同仁，没有上下级之分，这样大家可以尽情地享受这次海外之旅。

当时恰逢日本首相田中角荣提出“日本列岛改造计划”，使日本经济得到快速的发展，这对京瓷的发展也起到了推波助澜的作用。

但是，1974年年初，全球遭遇到了前所未有的石油危机，导致京瓷订单急剧减少，对公司的经营是一个不小的冲击。日本产业界出现了裁员和待岗风潮，京都陶瓷虽然不会裁员，但也不得不做出减薪的举措。

京瓷公司一直以“追求员工物质与精神两方面幸福”作为其经营理念，自从京瓷创办以来，公司就形成了上下团结一心、同甘共苦的优良传统。京瓷公司一直与员工存在休戚与共、祸福相依的依赖关系，确保就业是京瓷的宣言。

由于工作量减少了，稻盛和夫就带领大家对工作进行一些改进，他还经常举办一些技术研讨会，为将来工作恢复正常以后做准备。遇到雨雪天气，不能进行露天作业时，他就号召大家到会议室中学习京瓷哲学。

尽管公司的营销人员尽了他们最大的努力，但是由于世界经济萧条的原因，造成了市场低迷的情况，而且这种情况迟迟都不见有好转的迹象。1974年年底，稻盛和夫遭遇到了创业以来最严峻的时期，因此不得不向工会提出冻结一年的加薪要求。工会讨论之后，全场一致同意接受稻盛和夫的提议。

之后，公司运营逐步恢复正常，京瓷全体工作人员也都回到了生产线。第二年，稻盛和夫在冻结的那部分加薪的基础上，给员工提高了工资，而且发放了奖金，作为对大家当时理解并支持他的回报。

1973年，京瓷的两位大恩人在这一年相继辞世：当初在公司成立时，为了稻盛和夫而抵押自己的家宅，甚至不惜为他从银行贷款筹集运转资金的西枝一江先生；一听到一个乳臭未干的小子要创业就勃然大怒的交川先生。当稻盛和夫接到西枝先生的讣闻之后不久，交川先生也驾鹤仙去，享年都是71岁。两人是稻盛先生一生无可替代的挚友。

1974年2月，京瓷的股票在东京、大阪两大证券交易所都从第二市场部跃升至第一市场部。1975年9月更是以2990日元成为日本股价最高的股票，而在这之前，一直都是由索尼盘踞首位。得悉这个消息，稻盛和夫并没有太多的激动和兴奋，他只是喃喃自语道："西枝先生，交川先生，当年那个毛头小子的公司走到了今天。"

在京瓷集团中，培养阿米巴领导人的分享意识的方法主要有以下几个。

第一个方法，分享是一项荣誉，学会分享不是让自己的荣誉更少，而是让自己的荣誉更多。

稻盛和夫说："分享是一种伟大的精神，它能够让人学会爱护别人、关心别人，站在别人的立场去思考问题，去寻求问题的解决之道。我们都知道，一个人吃一顿美味可口的饭菜可能会因为孤独寂寞而觉得如同嚼蜡，而一伙人一起吃一顿美味可口的饭菜可能会吃出更香的味道，味道比之前好上很多倍，这就是分享的好处。”

在京瓷集团中，几乎所有的阿米巴领导人在获奖的时候，第一句话都是这样的：“我感谢和我一同努力过的人，所有的奖项不属于我一个人，我只是很荣幸地被推举出来站在这里代表他们而已，其实他们和我一样，也都是获得这项荣誉的人。”在京瓷集团中，分享就是从集体荣誉中开始的，因为大家都知道，很多时候荣誉是用金钱换不来的，或者说荣誉和金钱从来都不是等价物——阿米巴的领导人总是会将自己的荣誉让给员工，并让那些获得荣誉奖励的员工学会谦虚，让他们知道没有同事们的帮助他们是不可能取得荣誉的。

第二个方法，学会分享就是要学会利益分配，每一个能够将利益合理分配的领导人都是具有分享精神的。

任何一个企业都存在着利润分配不均的现象，而且这一现象是谁也无法消除的。虽然企业中利润分配不均的现象无法消除，但是却可以有效地减少。稻盛和夫对此提出了“三个满足”：第一个满足，使得企业当中的每一个员工的薪酬和绩效都能够紧密地联系在一起，但是前提是要满足企业的发展需求；第二个满足，满足企业、部门的整体业绩与员工个人利润之间的缺口，使得大家都处在一个相对平衡的位置上；第三个满足，要一切以满足团队和谐的良性竞争为原则。

在京瓷集团中，阿米巴领导人合理公平地分配利益最主要的方法就是“岗位指标薪酬制”。

在阿米巴经营中，单位时间核算是考察员工绩效的终极指标，同样这个指标也是员工们的利益分配标准，即在一个阿米巴中，每一员工的利益分配都是由单位时间核算来决定的，谁的单位时间核算数值最高，就说明谁的利益分配量最大，反之，谁的单位时间核算数值最小，就说明谁的利益分配量最小。

第三个方法，分享就是一种齐心协力，是团队精神的体现，每一个阿米巴领导人都必须懂得去增强自己的团队精神。

稻盛和夫说：“我相信京瓷集团中的每一个阿米巴的领导人都是具有强烈团队意识的人，我相信他们会为了团队的利益而放弃个人的利益，我相信他们会让自己的团队成为一个整体，每一天都能够像一只铁拳一样挥出去，而不是像一盘散沙一样四处飘荡。所以，我始终认为，京瓷集团之所以能够成为世界顶级企业，就是因为我们阿米巴的领导人有着强烈的团队精神，牺牲自己利益满足团队需要就是一种分享精神！”

在阿米巴的经营中，每一个阿米巴的领导人都非常重视企业和员工的利益，他们通常都是将自己的利益排到最后。就是这样的一种极具分享精神的做法，不但没有让他们自己的利益受损，也让企业和员工的利益得到了有效的保证。所以，在京瓷集团中，很多的阿米巴领导人在遇到个人利益和团队利益相冲突的时候，他们都会牺牲自己的利益而保证团队的利益。也正是因为这种带有强烈的牺牲色彩的分享精神让每一个阿米巴都成为一个有着强大凝聚力的团体，发挥了强大的作战能力——分享精神让每一个阿米巴都开始努力地工作，而且懂得为所有人付出，齐心协力地去工作、去战斗，这就是京瓷集团为什么能够一直焕发出活力，拥有强大竞争力的最根本原因。

3. 用人格魅力凝聚人心

稻盛和夫说："居于人上的领导们需要的不是才能和雄辩，而是以明确的哲学为基础的'深沉厚重'的人格。包括谦虚、内省之心，克己之心，尊崇正义的勇气，或者不断磨砺自己的慈悲之心——一言以蔽之，就是他必须是保持'正确的生活方式'的人。"

稻盛和夫非常赞同我国明代文学家、思想家吕坤在《呻吟语》中提到的有关领导人资质的评论："深沉厚重是第一等资质，磊落豪雄是第二等资质，聪明才辩是第三等资质。"也就是说，是否具备厚重人格，能否对事物进行深入思考，是一个人能否成为管理者的关键所在。所以，管理者首先要具备的就是高尚的人格。

所谓人格魅力，指的是人整体的精神面貌，即人的性格、气质、能力等特征的总和。列宁曾指出："保持领导不是靠权力，而是靠威信、毅力，靠比较丰富的经验、比较渊博的学识以及比较卓越的才能。"

一个企业的管理者，就如同军队的统帅一样，他凭什么让自己的部属信服自己，听自己的号令呢？是靠权力、金钱吗？当然不是。真正卓越的管理者，拥有权力和金钱影响之外的一种能力，一种能让人钦佩、信服的人格魅力，以此来感召自己的手下。

俗话说："士为知己者死，女为悦己者容"。我们每一个人都倾向于为自己佩服、敬重的人效力，而且往往是不计得失的。不要小看管理者的人格魅力，对于企业的发展而言，那是一种强大的推动力。

一个富有人格魅力的企业家，对于营造融洽的团队氛围、提高公司的运营效率，以及扩大公司的影响力，都起着至为关键的作用。尤其是在企业发展的初期，由于企业机制尚不完善，管理者的人格魅力所起到的作用就更加突出。

那么，富有人格魅力的企业家是什么样子的呢？我们来看一位企业家的例子。

这位企业家，既不是名校毕业的高材生，也没有海外留学的经历，更不是任何专业领域的学者、专家。中学时期，他的成绩在班上只能算是中游，高考考了三次，才勉强上了一所二流大学。毕业后，他成了一名英文老师，月工资只有89元。最惹人关注的是此人的相貌，用《福布斯》上的话说，他"颧骨深凹、头发卷曲、露齿欢笑、顽童模样、5英尺高、100磅重"。这样看来，这位的长相确实是有点"对不起”观众了。

他，就是马云，全球知名电子商务企业阿里巴巴的CEO（首席执行官），一位不懂IT的IT英雄。

再让我们来看看他的手下都是些什么人物：

CFO（首席财务官）蔡崇信，耶鲁大学法学硕士，曾任著名风险投资公司InvestAB的副总裁，1999年加入马云的创业团队。

CTO（首席技术官）吴炯，雅虎搜索引擎的首席设计师，2000年加入阿里巴巴。

COO（首席运营官）关明生，曾是美国GE公司的资深高管，2001年加入阿里巴巴。

上述几位在加入阿里巴巴之前，都是各自领域的重量级人物。是马云用高薪把他们“挖”过来的吗？答案是否定的。以蔡崇信为例，他当年放弃了七位数的高额年薪来到阿里巴巴时，拿的月薪是多少呢？500元！当蔡主动提出加入的时候，连马云也觉得不可思议。吴炯、关明生等人也是自愿放弃了高薪职位，进入阿里巴巴，和马云并肩打天下。

阿里巴巴的成功，自然离不开马云的眼光和智慧，但他的人格魅力也起着非常重要的作用。有人这样形容马云：“你来了，你看到了他，你就被他征服了。”对此，除了用“人格魅力”这个词以外，我们还能有其他更好的解释吗？

关于马云的人格魅力，研究者有过不少的总结。他首先是一个有理想和追求的人，也是一个有能力去实现自己的理想和追求的人。在别人眼里，马云是个狂人，但是他的狂言基本都实现了，这点让人不得不佩服。更重要的是，在马云的身上，你很难发现一点点虚荣心。他总是坦然面对自己的失败和缺陷，连自己的长相也在他自嘲之列，以至于有了那句流传甚广的名言："男人的能力与长相是成反比的。"

领袖气概、平民气质，为马云赢得了很高的人气。现实中，确实有很多人都是先了解了马云，再去了解阿里巴巴和淘宝的。很多新生代的IT精英，也正是被马云的人格魅力所吸引，进入阿里巴巴谋求发展。

一个企业管理者，如果能长期在这四个方面努力，不断增强自己的人格魅力，这无论对企业还是对企业管理者本人而言，都将是一笔无可替代的财富。

4. 通过以身作则来影响下属

稻盛和夫是一个非常注重实际行动的人，他重视书本知识，更重视实践，注重身体力行。注重实践及身体力行也被他视为人生中极其重要的原则。他认为，只有通过亲身的体验才能积累最宝贵的财富。

"纸上得来终觉浅，绝知此事要躬行。"亲历每一个现场，能够积累实践经验，这比听他人的"经验之谈"都要有用得多。

所以稻盛和夫说："在信息社会、偏重知识的年代，多数人认为'如果知晓理论就能办到'，这种观念其实大错特错了。'知晓'与'办得到'之间有很深的鸿沟，能够填补这道鸿沟的就是现场的经验。"

有一次，稻盛和夫听说在温泉旅馆有一场关于经营知识的讲座，课时为三日两晚，报名费用达数万日元。这对当时的稻盛和夫来说是一笔极大的开销，但是因为迫切想学习经营知识，再加上讲师名单中有稻盛和夫倾慕已久的本田技研工业的创始人本田宗一郎先生，所以，他不顾周围人的反对，报名参加了这次讲座。

讲座开讲的当天，所有学员在旅馆泡过温泉后，坐在大会场里等待本田先生来讲课。可是，本田先生的出现却让来学习的企业家们甚为尴尬。当时本田宗一郎先生是从本田公司的滨松工厂直接赶来的，他的工作服上沾满了油污，到达会场后，他开口就对与会人员进行了一番训斥：

"大家来这里是干什么的？好像是来学习经营的，可是如果有这个时间，那就请早点返回公司去干活儿。泡泡温泉、吃吃喝喝不可能学好经营。我没有向任何人学习经营就是证据。看看我这样的男人也能搞好经营。其实，你们要做的事情只有一件，就是赶快回到公司积极投入到工作中去。"

本田先生还骂道："支付如此昂贵费用的傻瓜在

哪里？”

见此情景，所有学员都陷入到沉默中，因为大家都明白本田先生说得确实有道理。

稻盛和夫在这次还没有开始就已经结束的讲座中，受到了极深的触动。也正是本田宗一郎先生的一番训斥，让稻盛和夫领悟到了什么才是经营之道。他说：“本田先生告诉我们在榻榻米上学习游泳是多么的愚蠢。在榻榻米上不可能学好游泳，还不如立刻跳入水中，奋不顾身地挥动手脚。若没在现场挥洒汗水就不可能做好经营——本田先生就是如此，成就一番伟业的智慧只能从经验中得到。只有亲力亲为的体验才是最宝贵的财富。”

本田宗一郎先生的话，不仅仅道出了经营之道，还指出了做任何事情都应该亲力亲为的重要性。因此稻盛和夫在事业的经营中，付出了不亚于任何人的努力。这也是稻盛和夫在工作中身体力行的表现。

不少著名企业都很重视身体力行、以身作则。麦当劳快餐店创始人雷·克罗克是美国社会最有影响力的十大企业家之一。他不喜欢整天坐在办公室里，而是大部分工作时间都用在“走动管理上”，即到所有分公司各部门走走、看看、听听、问问，随时准备帮助下属解决工作中遇到的问题。

身教重于言教，榜样的力量是无穷的。行为有时比语言更重要，领导的力量，很多往往不是由语言，而是由行为体现出来的。在一个组织里，管理者是众人的榜样，他的言行举止都被员工看在眼里，当管理者亲临指导时，员工往往会有更大的信心和更多的热情。所以，管理者要懂得通过以身作则来影响下属，这样管理起来也会得心应手。

5. 与员工进行心与心的交流

稻盛和夫认为，老板与员工在办公室很难有推心置腹的沟通，因为办公室的气氛很严肃，下级面对上级很难说出真心话。在稻盛和夫的企业里，大部分人都是学工程的，他们更多的兴趣在于对一件事物的研究，很少有人有兴趣研究人性和与人沟通。所以，一开始，稻盛和夫觉得跟员工沟通起来非常困难。后来，稻盛和夫经常在下班后与员工一起喝酒，当大家喝得晕晕乎乎的时候，老板与员工的边界就模糊了，有些话也就可以开诚布公地讲出来了，大家就可以进行更好的沟通。这种有效的沟通让稻盛和夫和员工之间建立了深厚的友谊和信任，而这种友谊和信任使员工在企业面临困难的时刻，能与他在一起全力以赴地突破难关。

稻盛和夫还主张在沟通时要与他人进行心与心的交流，在情感上建立彼此的信任。他认为人心是最容易变的，但是一旦建立起心与心的联盟和共同认知，它又是最坚固的，所以他一直相信心的力量。

如何与他人进行心与心的交流，建立感情上的信任，拥有心的力量呢？稻盛和夫认为，最重要的就是要用真诚进行沟通。真诚具有穿透性的力量，因为，真诚的心之间是没有障碍的。当你一直坚守真诚时，你会发现，有一天你会因此而得到更多。真诚也是让人感动的最佳方法。

尼克·赞纽克是福特汽车公司前高级总监，他在福特公司工作了27年，曾在福特领导过林肯轿车的一个车型——林肯大陆汽车的开发项目，这个项目价值40亿美元，有1200个工程师参与这项工作。虽然项目开始的时间比计划晚了4个月，当时团队也没有很好地组织起来，但他们仍然按计划完成了任务，并使项目经费比预算节约了30%。他又是怎样做到这一点的呢？

说实话，尼克·赞纽克一开始真不知道如何开展工作，如何把一个庞大的机构分割成许多个很小的、高效能的团队，再把它们组成一个有机的整体。于是他去了丰田公司，想了解他们是怎么做的。

没想到丰田公司毫不掩饰地向他介绍了全面质量管理、准时生产等知识。尼克·赞纽克有些不解地问丰田公司的总经理："为什么你要和福特公司分享这些知识呢？与你的竞争对手分享这些知识，你不怕有风险吗？"

丰田公司的经理说："我不怕。因为当你们把这些知识实施到你们的企业中去的时候，我们已经有了新的知识，我们学得比你们快。"

丰田公司的人居然对福特公司的人说“我们学得比你们快”！当时尼克·赞纽克根本不懂他们这些话是什么意思，只是受到启发，知道团队要共同学习。

于是，福特团队开始了共同学习之旅。他们组织了一个由管理者组成的小组，每两个月开一次或两次例会。在这种例会中，这些高级管理人员学习怎样进行一些诚恳的对话。通过这种恳谈，成员之间建立了一种很真诚的关系。在建立这种关系的同时，成员之间开始彼此吐露心声。他们开始“分享”他们的错误，也不再害怕犯错误，不再在乎面子，在乎的是真正的互相了解。这些管理者花了6个月的时间才学会恳谈。其实他们不应该花这么长的时间，因为大家应该无时无刻不在恳谈——也就是说他们不应该用这么长的时间来建立真诚的关系，而应该随时拥有这种关系。

这些管理者后来明白了，他们需要建立真诚的关系，公司的上千名工程师及其他员工也应该建立这种真诚的关系。

于是，他们创建了一个学习实验室。这是一个为期3天的培训。他们组织一些工程师、工人、其他员工与管理人员共同参加培训。管理者们让员工把日常工作中遇到的难题与困境带到培训当中来，大家通过讨论和共同学习，一起来解决问题。

当时的主题是：在一个多变的环境中如何做到持续、健康地发展。当他们开始学习修炼，并开始在团队中实践这些知识时，整个团队的业绩开始改善，每个人都开始真诚地对话。当发展和扩大这种真诚关系的时候，随着关系的进一步改善，团队成员的知识也开始增加。当知识增加的时候，制造的创新、营销的创新、设计的创新都在不断地提高。因此，当制造出第一辆样车的时候，所有指标都达到了预期目的。“林肯大陆”是当时福特公司质量最高、性能最好的车型，这个项目是福特公司第一个超出了所有预期目标的项目。而在这个项目中，员工的奉献与投入程度超出了任何可以衡量的尺度。

一个沟通顺畅的企业必然是一个工作气氛融洽，工作效率极高的企业，在这样的企业里工作，哪怕再苦再累，也是心甘情愿的，因为心情是愉快的！沟通创造和谐，沟通赢得人心，它能够凝聚出一股士气和斗志。这种士气和斗志，就是支撑企业大厦的中坚和脊梁。有了这样的中坚和脊梁，又何愁企业不发展呢？

在企业管理活动中，沟通是一个不可或缺的内容。沟通的能力对企业管理者来说，是比技能更重要的能力，营造良好的人际关系，靠的就是有效的人际沟通。实践表明，许多优秀的管理者，同时也是沟通高手，一个成功的企业不能仅有外部沟通，由于生产力来自于企业内部，所以企业内部沟通直接影响组织效率、生产进度、生产完成率和合格率。只有当企业和员工之间有了真正意义上的相互理解，并使双方利益具有最大限度上的一致，这个企业才能快速发展，并得到超高品质的产品和最大限度的利润。

6. 为人谦逊更易受到下属的爱戴

所谓“得人心者得天下”，从古至今，但凡能够稳坐天下的君主帝王，大都是“得人心”者。而在当今社会，成功的企业家之所以能成功正是因为他们是“得人心”者。他们不仅赢得了社会民众的心，更赢得了企业员工的心。只有将企业员工的心凝聚到一起，企业管理者才能带领员工，推动企业向前发展。

稻盛和夫深深认同这个理念，他也一直致力于将企业员工的心凝聚到一起。他认为，想要将员工的心凝聚到一起，最重要的就是要把自己置身于集体之中，拥有一颗谦卑的心灵，保持一种谦虚的态度，要认识到正是因为有了企业员工的努力，才会有自己的今天。

谦逊的品德会让管理者认真聆听下属的意见和建议，并从中发现对企业有利的内容付诸实施；他不会独断专行，他会考量各方面的意见，从而找到正确的解决之道。相反，一个管理者骄横自大，独断专行，不但会失去优秀的下属，还会把企业带进泥泞的沼泽。

福特汽车公司的创始人亨利·福特在功成名就之后变得狂妄自满，目空一切，独断专行，不思进取。对于他钟爱的黑色T型车，竟然长达19年不许别人做任何改动。有一次，他的儿子和一些工程师对T型车做了一些改进，于是欣喜地邀请他去参观。他围着新车转了三圈，突然抡起一把斧子就朝新车砍去！在众人目瞪口呆、惊魂未定之际，他扔下斧子，一言不发背着手走了……

就这样，亨利·福特开始众叛亲离，人才不断流失，公司的生产经营也不断滑坡，一度陷入破产的边缘。

作为一名管理者，一般来讲，无论从才识和能力，都应该是出类拔萃的。但这也很容易让他产生高人一等的感觉，甚至瞧不起自己的下属。而且，他还为自己叫好，认为显示了一个管理者的尊严和权威。这显然是错误的。其实，你的下属在某一方面比你优秀，有很多真知灼见，你应该学习借鉴过来，从而提高自己的素养，你表现出来的骄矜的态度，一下就拉开了你与下属的距离，失去下属的拥护。

相反，如果你为人谦逊，你的形象和地位不会因此受到破坏，反而会使你更加高大，更易受到下属的爱戴和信任，你的地位也更加稳固。

稻盛和夫说："那些在权力与权威之下道德沦丧、骄矜自大的管理者一旦身居权位，便开始堕落，傲慢不逊。正因为他们以高傲的姿态去面对众人，他们所带领的团队即使能获得短暂的成功，也不能长久持续，以致到最后，团队里的人都不想再合作下去。由于得不到周围人的通力合作，所以事业不能持续地发展、壮大。"

稻盛和夫曾引用一句日本古代的谚语来表达谦卑的意义：“你的存在，就是我存在的原因。”所以他认为，维系团队和谐与合作的唯一方法就是管理者要把自己视为团队的一小部分，并明确任何事情都有两面性，然后设法面面俱到。

真正谦卑的人，能够用真诚的心去尊重他人，这种真诚正是赢得别人信赖与尊重的基础。在人们的共识中，只有在需要付出与贡献的工作岗位上工作的人才是可以赢得爱戴的群体。其实不止是他们，当经营企业、赚取利润的企业管理者，做到了用真诚、谦恭的心去关心别人时，也一样能赢得他人的敬重。

管理者的谦卑和真诚既是连接自己与员工之间关系的纽带，也是建立彼此间信任及抚平彼此间代沟的方法。在稻盛和夫看来，谦卑和真诚能使倾听者和说话者合二为一。

苏格拉底说：“我知道自己一无所知。”这是一种谦虚向别人学习的良好品质。在学习两字面前，任何人都是学生，同时任何人都是老师。管理者要忘记自己的身份，放下架子，完全从学习的角度出发，向比自己知识更渊博的人学习。

鲁迅先生曾说过：“夹起尾巴做人。”意思就是说，做人应该谦虚而谨慎，特别是要戒气傲心躁，其实做领导也是一样。许多人做领导很是得意，但从实际中做领导这个角度考虑，恐怕怄气的时候更多一些，得意少些。这是因为商场如战场，险恶之境比比皆是，如果不夹起尾巴做人，恐怕很难立足。

一位伟人曾说过：“虚心使人进步，骄傲使人落后。”巴甫洛夫也告诫人们：“决不要陷入骄傲。因为一骄傲，你们就会在应该同意的场合固执起来。因为一骄傲，你们就会拒绝别人的忠告和友谊的帮助。因为一骄傲，你们就会丧失客观方面的准绳。”谦虚，是人性的美德，也是驯服人、驾驭人的要领。

聪明的人将做领导与做人联系起来，以平常心去做，领导地位才能长久；以虚荣心去做，不但地位保不住，恐怕家也不能兴旺。所以曾国藩就说：“居官不过偶然之事，做人居家乃是长久之事。”做领导与持家一样，需苦心经营，保持常人本色。这样，虽一旦失去领导地位，尚不失为兴旺气象，若贪图领导地位之热闹，没有平常之心，则离开领导岗位之后，便觉气象萧索。所以，不论是做领导还是做人，凡事有盛必有衰，不可不预为计。

7. 公正地对待每一个人

在工作中，各员工、各部门之间，都会发生一些不可避免的矛盾，原因当然是多方面的。可能是员工自身素质存在缺陷，在思想方面和工作方法上出现失误，可能是各部门之间出现交换、协调、沟通不及时的情况，也有可能是在利益处理上出现了不公正的情况，等等。出现问题非常正常，重要的是怎样去解决问题。倘若没有将这些矛盾处理好，会给员工、各部门带来不好的影响，甚至会破坏了企业的凝聚力，对公司的发展大大不利。

在京瓷公司，各员工之间、各部门之间，都会经常出现一些争执，双方各执己见，莫衷一是。于是，多数时候他们都会争执到稻盛和夫那里，由他来作最终的裁决。于是，稻盛和夫在倾听双方述说的理由以后，所作出的结论都能够使大家信服，好像之前的争论从来没有发生过，又带着轻松愉快的心情返回自己的工作岗位。

问题得到了解决，并非是由于最高裁决者说话没人敢反驳。而是因为，旁观者清，当局者迷，稻盛和夫从第三者的立场出发，冷静地看待这件事情，并且进行缜密地分析，发现其实引起纠纷的原因是非常简单的，因此稻盛和夫能敏锐地指出问题出现的原因，并给予他们解决问题的办法。

每一个伟大的管理者都会拥有一种力量，就是做正义之事的勇气。在这种力量的领导下，所有部下都会对这个管理者产生依赖感。稻盛和夫认为，一个企业的管理者就应该拥有这种力量，因为部下对管理者的弱点相当敏感，而且很容易察觉出来，如果管理者不公正或怯懦，就无法让大家信赖。

人与人之间的关系，本来就是十分微妙的，尤其是在有利害冲突的同事之间，如果双方都盛气凌人，就很容易发生大大小小的纷争。

作为管理者，如何调解下属之间的纠纷，实在是个棘手的问题。问题如果处理不当，公事之争变成私人恩怨，恐怕在日后的工作中就会形成难以解开的疙瘩。俗话说“明枪易躲，暗箭难防”，即使有人向你发一支明箭，也足以让你头痛不已。如果对下属间的矛盾处理不当，极有可能使下属对你心存怨恨，这也就等于埋下了一颗定时炸弹。

比如某个下属一向表现平平，你对他也没有什么特别的印象，可就是这位下属，某一天竟向你的顶头上司告你的状，表示对你的不满，尤其是指责你工作分配不均。发生这种情况，很可能是由于你平时对下属间的矛盾纠纷处置不当造成的。

作为管理者，有许多事情需要去处理，有些还是相当棘手的事情，这其中除了公事，还包括一些私事，比如下属闹情绪、同事间关系不和等，都需要你去调解。

在调解这些问题时一定要做到公正，不偏不倚，一碗水端平。随着社会的进步和经济的发展，人们对公正的要求也越来越高，享受公正的待遇成为人们追求并维护的权利。在一个公司和团队里同样如此。这就要求管理者胸怀一颗公正之心，处事公正，这样才会赢得员工的爱戴和信赖，也因而激发员工的团队精神和工作积极性，促进企业持续健康地向前发展。

摩托罗拉公司就十分明白公正对于员工的意义，他们在人事上的最大特点就是能让他的员工放手去干，在员工中创造一种公正的竞争氛围。公司创始人保罗·高尔文对待员工非常严格，但非常公正，正是他的这种作风，塑造了后来摩托罗拉在人事上和对待竞争对手时，有一个独特公正的风格。

早在创业初期，员工们都没有正式的岗位，不过是一些爱好无线电的人聚集在一起。这时，有个叫利尔的工程师加入了摩托罗拉。他在大学学过无线电工程，这使得那些老员工产生了危机感，他们不时为难利尔，故意出各种难题刁难他，更出格的是，当高尔文外出办事时，一个工头故意找了个借口，把利尔开除了。

高尔文回来后得知了此事，把那个工头狠狠地批评了一顿，然后又马上找到利尔，重新高薪聘请他。后来，利尔为公司做出了巨大的贡献，向高尔文充分展示了自己的价值。在公司后来发展的过程中，摩托罗拉公司干活的人很多是一些有个性的人，当他们发生争执时，都吵得非常厉害。但高尔文作为老板，以他恰当的人际关系处理方法，使他们在面对各种艰难工作时，能够团结一致，顺利进行。

管理者在处理事务时，无论是奖惩，还是人事安排，都不能背离一碗水端平的准则。尤其是当自己涉入其中时，处理起来更要公正。不然，只去处理别人，而把自己置身事外，就失去公信力和说服力了。

制度面前人人平等，无论是普通的员工，还是高级主管，管理者都要一视同仁，一碗水端平。

处事公正是优秀管理者必须具备的品德之一，不要被手中的权力冲昏头脑，而去做有失公正的事情，无论对于企业，还是对于管理者自己，这都百害而无一利。

作为一个管理者，应胸怀一颗公正之心，处事公正，才会赢得员工的爱戴和信赖，也因而激发员工的团队精神和工作积极性，促进企业持续健康地向前发展。

处事公正是优秀管理者必须具备的品德之一。管理者在处理事务时，无论是奖惩，还是人事安排，都不能背离一碗水端平的准则。尤其是当自己涉入其中时，处理起来更要公正。不然，只去处理别人，而把自己置身事外，就失去公信力和说服力了。如果被手中的权力冲昏头脑，而去做有失公正的事情，无论对于企业，还是对于管理者自己，都百害而无一利。

8. 以德为本创建“和谐企业”

无论是做人做事，还是经营企业，甚至一个国家的治理，都应该本着一个“德”字。国际日本文化研究中心的川胜平太教授曾设想出“富国有德”的国家发展模式，稻盛和夫有感于川胜平太教授“立国不凭富而因德”的这个思想，他认为，这个思想可让日本在诸国中立足并强大，不是通过武力或经济实力，而是以“德”的行为获得他国的信任和尊重。所以稻盛和夫也提出，应该把“德”作为日本国策的基础。他主张日本的目标既不应是经济大国也不应是军事大国，而应是以“德”重建国家；既不应是擅长打小算盘的国家，也不应是忙于炫耀军事力量的国家，而应是以人类崇高精神之“德”作为国家理念，并与世界接轨的国家。

这是稻盛和夫的“治国安邦，德为根本”的想法。德，即道德，是安身立命的根本。从事教育，自古就讲求师德；作为医治苍生的医生，也必须遵循医德。其实，从事任何行业都应讲求“行业道德”，归到本质而言，做人与做事皆应以“德”为本。所以，作为一个企业家，回归到经营中就应该依循“商德”。稻盛和夫也将“德”看作是经营之本。他引用古语“德胜才者，君子也。才胜德者，小人也”来表达自己对德的认知。

这是稻盛和夫强调“德”在经营中极为重要的思想的体现。在经营中，稻盛和夫一直坚持遵循事物的本质，用正确的原则和方法作为自己判断的基准，这种始终贯彻“德治”的行为，体现的正是稻盛和夫开展事业的目的与方向。

联想集团在柳传志的带领下，由一个只有20万元的小企业发展为今天在国际上都有一定影响力的大企业——中国电子工业的龙头企业，这其中与柳传志的人格魅力和管理艺术是分不开的。

联想内部有一条纪律，开20人以上的会，迟到要罚站一分钟。这项纪律是很严肃的，不然会没法开。然而，这条纪律制定后，第一个被罚的人却是柳传志原来的老领导，罚站的时候这位领导很没面子，紧张得不得了，一身是汗，柳传志本人更是汗流浃背。

当时，柳传志跟他的老领导说：“纪律如山，你先在这儿站一分钟，今天晚上我到您家里给您站一分钟。”柳传志本人也被罚过三次，其中有一次是被困在了电梯里，他“咚咚”直敲门，叫别人去给他请假，最后因为没找到人还是被罚了站。

就做人而言，柳传志有一段很有名的话：“第一，做人要正。虽然是老生常谈，但确确实实极为重要。一个组织里面，人怎么用呢？我们是这么看的，人和人相当于一个个阿拉伯数字。比如说10000，前面的1是有效数字，带一个0就是10，带两个0就是100……其实1极其关键。许多企业请了很多有水平的大学生、研究生，甚至国外的人才，依然做得不好，是因为前面的有效控制不行，他也是个0，作为‘1’的你一定要正。”

柳传志是这么说，也是这么做的，比如在联想的“天条”里，就有一条是“不能有亲有疏”，即领导的子女不能进公司。柳传志的儿子是北京邮电大学计算机专业毕业的，但是柳传志不让他到公司来，因为他怕企业管理者的子女们进了公司，互相再一结婚，互相联起手来，将来想管也管不了，一个企业被裙带关系所笼罩了，注定要出问题。

正是柳传志的这种“德”治，联想的其他管理者都以他为榜样，自觉地遵守着各种有益于公司发展的准则，使得联想的事业得以蒸蒸日上。

在稻盛和夫看来，具有高尚品德的经营者，能够得到企业员工、顾客及竞争对手的尊敬，所以“以德为本”的理念是一个放之四海而皆准的准则，是企业持续繁荣的有效方针。稻盛和夫曾说过："以德为本的经营，还有一个要点，就是要求领导者在企业内树立明确的判断基准。"他认为，这个判断基准可以概括为"作为人，何谓正确"这么一句话。

"正确"经营就是"以德为本"，在取得长远发展的大企业中，这也被用来作为经营的核心理念。说起自己尤为敬重的经营者，稻盛和夫一直很推崇松下公司的创始人松下幸之助，以及创立"本田科研工业"的本田宗一郎，稻盛和夫认为这两位企业家就是用他们高尚的品格来经营企业的，并在这种"德"行中获得了成功。

稻盛和夫认为，以德为本可以创建"和谐企业"，而依靠权力来压制别人或者依靠金钱来刺激员工，这类方法显然无法建设"和谐企业"。这样的经营，即使能够获得一时的成功，但终将招致员工的抵制，露出破绽。企业经营必须把永续繁荣作为目标，只有"以德为本"的经营才能实现这一目标。另外，这种"以德为本"的理念，不仅在组织内部适用，在与客户商谈交涉的时候也很有必要。比起玩弄手段、抓住对方弱点讨价还价、以势压人等办法，以"德"也就是以"仁、义、礼"为基础，用合理的、人性化的方法进行协商交涉，成效将更为显著。

稻盛和夫用孙中山先生访问日本时说过的"王道"与"霸道"来喻指经营企业的两种方法。孙中山这样对日本人说："西方的物质文明是科学的文明，而今演变为武力文明来压迫亚洲。这种做法，用中国的古话说，就是'霸道'文化。我们东亚有比霸道文化优越的'王道'文化，王道文化的本质是道德、仁义。”

这其中的“霸道”指的是经营中的不当策略，包括自私的“利己经营”，而“王道”即是指经营中的“以德为本”的经营理念。这表明经营在于经营者本身，只有经营者自己成为一个“有德之人”，那么企业的管理才能依德而治。所以，稻盛和夫认为，企业的经营成败决定于领导者本身。经营者本身品格的高低将决定企业发展水平的长远与否，当企业经营者以德为本进行企业的经营时，就是和谐企业建立的开始。

第二章

阿米巴经营
——全员主动参与经营

在组织的成员与领导一起努力实现自身目标的同时，也会逐步提高经营者的意识。因此，可以说，“阿米巴经营”是培养领导、提高全体员工经营者意识的完美的教育体系。

——稻盛和夫

1. 树立员工的主人翁思想

在京瓷的发展历程中，让每一位员工都成为企业的主角，让每一位员工都积极地参与到企业的日常管理中来，这是京瓷不断发展壮大的一个主要原因，也是稻盛和夫的阿米巴经营哲学的核心理念之一。

让每一个员工都成为企业的主角，并不是让每一个员工采用“轮流坐庄”的方式进入管理层，而是积极地去挖掘员工的潜力，让他们在自己擅长的工作岗位上扮演主角，从而更好地实现企业的管理目标。

在阿米巴经营中，让每一个员工都成为企业的主角，不仅体现出了企业对员工的个人价值的尊重和认可，而且非常有利于增加员工在企业中的归属感，让员工对企业的忠诚度大大提升，从而为企业的发展留住人才。

稻盛和夫曾这样说：“让每一个员工都成为企业的主角，就能够让员工站在‘舞台’的最中央，让员工在感受到企业对他重视的同时也能够让员工施展自己的抱负，有助于实现员工的自我价值，进一步激发员工的事业心和责任心。所以说，只要一个企业拥有一大批能够将自己看作主角的员工，那么这个企业就会获得超强的竞争力。如此一来，企业的发展前途当然不可限量。”

1989年11月，5000名员工在拉塞尔·梅尔的领导下，每人集资4000美元，共计2.8亿美元，买下了LTV钢材公司的条钢部，在这2.8亿美元中，2.6亿是借来的。他们把这个部门命名为联合经营钢材公司。

梅尔给这个新成立的公司所上的第一课是关于LTV钢材公司在最近几个月中所遭受的挫折，他想使他的公司能够应付钢材市场即将出现的最疲软局面。

在联合经营钢材公司，梅尔一改以往的工作方法，恪尽职守地行使领导职权。他总是讲实话，把所有情况公开，与员工同甘共苦，并且总是让员工看到希望。他深信，这是激励员工、充分调动员工积极性的最佳方法。

梅尔知道，为使员工充分施展才能，必须让他们懂得怎样以雇员又是主人的姿态自主地、认真负责地做好工作。为实现这一愿望，他认为最好的方法是把所有信息、方法和权力都交到那些最接近工作、最接近客户的员工手中。他深信，如果他能够使所有员工都感觉到他们对公司的经营情况担负着责任，那么，公司的一切，无论是员工信心还是产品质量都会得到提高。他说："如果钢材是由公司的主人生产的，其质量肯定会更好，这是毫无疑问的。我们的目标是创建一个能够充分满足客户要求、为客户提供具有世界一流质量的产品和服务的公司。只有实现了这些目标，我们这些既是公司的员工又是公司的主人的人才能保住稳定的工作，才能使我们公司的地位得到提高。”

梅尔清楚，要实现这一目标，公司必须开创一个员工充分参与合作的新时期。只有这样，公司才能在钢材行业处于激烈的国际竞争、特殊钢厂不断涌现、获得高额利润的产品不复存在的环境下生存下去。要想获得成功，梅尔说：“我们必须采用一套新的管理机制，来为所有员工创造为公司的兴旺发达贡献全部聪明才智的机会。”

联合经营钢材公司理事会的人员结构体现了梅尔的观点：其中4位理事是由工会指派的，3位来自管理部门，包括梅尔本人和另一名拿薪水的员工。

然而，让员工明白他们应怎样为公司的兴衰成败承担起责任并非一帆风顺。把钱留下，买些股票，雇员就成了股东，但他们对这样做到底意味着什么却一无所知。更有甚者，很多员工都表示他们愿意负更多的责任，愿意进一步参与公司的事务，但是他们就是不承担他们各自的义务。对他们来说，什么是有独立行为能力的成人，什么是依赖别人的孩子都搞不清楚。

我们很多人天生就有一种希望得到别人的关心照料的欲望，希望有人保护，使我们免受那种社会残酷竞争的侵扰。作为对这种保护的回报，我们心甘情愿地听命于别人，依赖别人，忠实于别人，心甘情愿地放弃支配权。所以，即使员工表示打算负更多的责任，愿意参与决定公司前途命运的决策工作，他们也往往不愿自始至终地履行自己的诺言，因为他们既害怕失败，又担心自己的能力，所以他们就会踌躇不前。梅尔明白这种心理。

“我们大家都是环境的产物”，梅尔说：“假如你在一种环境中工作了30年，在这种环境中，所有的事都是以一种单一的方式做的，可突然某个人来了，并对你说，这里的一切都需改变。这时，你也会困惑。你可能会说出这样的话：‘虽然我是主人，你却想让我一周来这里工作40个小时？你的意思是说我还得干同样的工作，拿同样的工资？那么我当主人又有什么意义呢？我见过的主人没事就到酒馆去喝啤酒，想走就走。’”

所以，梅尔还必须设法让员工明白当主人应做些什么，使他们的思维轨道从“好了，那是他们的问题”转换到“我即是公司，所以，这事最好由我来处理”的轨道上来。

联合经营公司的工作人员现在有双重身份，一种身份是雇员，另一种身份是公司的主人。虽然这两种身份不同，但每一种身份都会对另一种起促进作用。

树立员工的主人翁思想，必须在精神上和经济上共同下功夫。精神上的归属意识产生于全身心地参与。当员工认识到他们的努力能够发挥作用，认识到他们是全局工作中必不可少的环节时，他们就会更加投入。要使他们全身心地参与，还必须让他们在经济上与企业共担风险，共享利润。

员工的归属感首先来自待遇，具体体现在员工的工资和福利上。衣食住行是人生存最基本的需求，买房、买车、购置日常物品、休闲等都需要金钱，这都依靠员工在公司取得的工资和福利来实现。在收入上让每个员工都满意是一项比较艰难的事情，但是待遇要能满足员工最基本的生活需求才能在最基本的层面上留住人才。因此，待遇在人才管理中只是一个保证因素，而不是人才留与走的激励因素。

一部分人在从事工作的同时，他们不单单是为了自己的工资待遇，他们更注重自己在企业中的位置与个人价值体现，以及自己未来价值的提升和发展。个人价值包括技术能力、管理能力、业务能力、基本素质、交涉能力等，领导者提供机会帮助员工增强以上能力，是企业增强魅力、吸引人才的重要手段。

增强员工归属感还需要特别注重每个员工的兴趣。兴趣是最好的老师，有兴趣才能自觉自愿地去学习，这样才能做好自己想做的事情。作为领导者应该尽可能考虑员工的兴趣和特长所在。擅长搞管理的，尽可能去挖掘、培养他的管理能力，并适当提供管理机会；喜欢钻研技术的，不要让其去做管理工作。

增强员工的归属感，平等是非常重要的，要建立合理的规章制度，无论是什么人，领导的“红人”也好，普通员工也罢，都要严格按照规章办事，做到“王子犯法与庶民同罪”。这样员工就会在心理上感受到待遇的平等，心灵上也就得到了满足。

适当的压力有利企业的发展。企业应给予合理的压力和动力给各级员工。没有压力和动力的企业必然没有创新和发展，但压力太大，员工肯定很难承受。同样，企业不给员工加油，员工肯定不会有动力，企业也就谈不上进步。

管理者具有良好的亲和力，建立良好的工作氛围。一个勾心斗角、利欲熏心的企业，说员工有很强的归属感，恐怕也是假话。

当然，还有很多因素制约员工的归属感，但是，如果连以上几点都做不到，其他方面也是空话了。如果想创造一个良好的团队，就要让员工能把公司当家一样去看待，让他们觉得他们是公司的一分子，他们不是老板的奴隶，老板不是一个独裁者，老板会采纳大家意见，让大家觉得他们也是公司决策的一分子，公司的每一个成就都有他们的一份汗水。让他们感觉你是真正关心他们的需要。任何人都希望让别人喜欢他，让别人认可他，让别人信服他，让别人觉得他重要。

2. 培养阿米巴式的领导人

培养人才是阿米巴经营的根本目的。稻盛和夫通过将阿米巴的经营权下放给现场的员工来不断地培养出无数具有阿米巴经营意识的优秀人才，而且非常有效地让京瓷避免了企业规模不断扩大而滋生出的“大企业病”——这种把经营权下放的经营方式对员工的成长有着巨大的推动作用。

在京瓷中，最常见的一个现象就是20多岁的年轻人可能领导着一帮40多岁的人在工作，而这个最年轻的人就是这帮人的领导人——阿米巴的领导人。在京瓷中之所以经常看见这样的场景，最主要的原因就是稻盛和夫提倡以能力来选择阿米巴领导人，而年龄、工作经验等因素并不是京瓷选择阿米巴领导人的主要因素。可以说，在京瓷中，哪怕是一个6岁的孩子，只要他是其所在的阿米巴中最有领导力的人，那么他就可以是这个阿米巴的领导人。

在京瓷中，成为一个阿米巴的领导人并不是一件非常轻松的事情，有时候他们要指示或者鼓励自己的员工为完成企业目标而努力工作，有时候还需要在遇到困难之时挺身而出，而制订阿米巴的工作计划与绩效目标都成为其最基本的工作。然而，在京瓷中作阿米巴的领导人并不是一件非常不愉快的事情，很多的京瓷员工都有这样一个认识：一旦自己体会到了掌舵阿米巴的乐趣之后，就会尝试着向更高的目标发起挑战，追求更大的成就感。

聪明的领导者即使自己很优秀，他也知道还有比自己更优秀的人，他的职责就是如何寻找并发挥这些人的智慧，来完成自己的工作。这正如管理专家旦恩·皮阿特所说："能用他人智慧去完成自己工作的人是伟大的。"

在阿尔弗雷德·斯隆任通用汽车副总裁期间。通用总裁杜兰特经营管理不善，使公司汽车销售量大幅度下降，公司危机重重，难以维持，杜兰特因此引咎辞去总裁职务。作为副总裁的斯隆虽然几次指出公司管理体制上存在问题，但杜兰特未予以采纳。杜兰特下台以后，在通用汽车公司拥有最大股份的杜邦家族接管公司，并任杜邦为总裁。由于杜邦对汽车是外行，因此他完全依靠斯隆。斯隆对公司采取了一系列整改措施。

斯隆分析了公司存在的弊端，指出公司的权力过分地集中，领导层的官僚主义是造成各部门失控局面的主要原因。于是他以组织管理和分散经营二者之间的协调为基础，把两者的优点结合起来。根据这一主导思想，斯隆提出了公司组织机构的改革计划，从而第一次提出了事业部制的概念。

斯隆提出的这一系列方案，赢得了公司董事会的一致支持。于是，斯隆的计划开始付诸实施。

通用汽车公司在以后几十年的经营实践中，证明了斯隆的改组计划是完全成功的。正是凭借这套体制，获得了较快的发展。

根据斯隆的“分散经营、协调管理”这—原则，在经济繁荣发展时，公司和事业部的分散经营要多一些；在经济危机、市场萧条时期，公司的集中管理就要多—些。一些企业界人士认为，这是通用公司不断发展壮大的主要原因之一。

斯隆在通用汽车建立了一个多部门的结构，这是他的又一个创造。他把最强的汽车制造单位分成几个部门，几个部门间可互相竞争，又使产品档次多样化，这在当时是比较先进的一种方法。

通用汽车基本上有五种不同的档次，这些不同档次的汽车有不同的生产部门，每个生产部门又有各自的主管人员，每个部门既有合作又有竞争。有些产品的零件几个部门是可以共同生产的，但各部门的档次、牌号不同，在式样和价格上各部门之间却要相互竞争。各部门的管理者论功行赏，失败者则自动下台。正是斯隆卓越的领导才能，使通用汽车公司充满了生机和活力。斯隆成功的手段就是分权制。一位大包大揽的主管是不可能把所有事情都处理得十全十美的。在瞬息万变的商场上，管理者的判断往往会决定一个企业的成败。建立分权机制，在于有利企业灵活机动地处理问题，变一人独断为大家共同决定，这就大大地减少了判断错误带来的风险。

有一些大企业是第一代主管打下来的，但实际上他已经不再完全跟得上形势了。这样的情况下建立分权机制，保证公司决策正确更加具有意义，而且分权作为一种制度固定下来后，对于权力观念色彩重的主管具有强大的约束力。

正所谓“成也用人，败也用人”。尊重人才，授权给人才，让人才发挥智慧为自己工作，是聪明领导者的用人之道。

在阿米巴的经营中，稻盛和夫最常说的一句话就是：“10个员工中肯定有一个就是经营者。”阿米巴的领导人的责任并不是简单地增加自己阿米巴的业绩赢利那么简单。他们在努力增加自己阿米巴的业绩赢利的过程当中，更为重视培养判断基准和正确的思维方式。同时，阿米巴的领导人都有责任让自己阿米巴的员工们积极地参与到经营活动中，并且要不断地挖掘和培养下一个阿米巴的领导人。

在京瓷中，作为一个阿米巴的领导人，哪怕自己是一个班长或系长，也一定要具有社长的思维意识。现在的京瓷大概有63477名员工（非控股子公司除外），总共被划分为1200多个阿米巴。正应了稻盛和夫的那句话——“10个员工中肯定有一个就是经营者”。从这一点来看，京瓷和很多的因为岗位不够而导致员工有部长级别能力的总是处于系长级别的企业有着很大的差别。可以说，正是这种差别让京瓷成为世界顶级企业之一。

下放权力，培养阿米巴领导人并不是说要放任自流。在最开始的时候管理层需要给员工提供一些简单易掌握的管理工具，好让员工成为一个尽快能够在小组织中成长起来的人，这一点非常重要（阿米巴经营中的管理工具最为常见的就是单位时间核算）。

没有任何一个人是天生的领导者。所以企业在培养自己的未来管理者之时一定要懂得积累成功经验，并且积极地为员工管理能力的提升创造出一个不错的环境氛围。稻盛和夫在经营阿米巴的过程中总是非常注重为员工提供一个不断成长的环境氛围，因为这种环境氛围能够让阿米巴经营获得更大的自由，有助于阿米巴经营的快速扩张。

3. 时间的精确化管理

稻盛和夫曾经说过，“掌握时间的精确管理方式是企业得以长远发展的基础。”精确比精细好，对企业管理精确比精细更重要。精细没有标准；没有底，领导倒是容易讲，但部下做起来无法掌握分寸，没有标准；而精确就要求领导对每一项工作明确细到什么程度，最好还要有如何做到这样细的程度，这样工作就有执行与检查的标准了。

“精确化管理”是金和软件总裁栾润峰在6年前提出的管理概念。这一概念从一开始的无人问津到现在的趋之若鹜，栾润峰可谓经历了一番人生的洗礼。据了解，目前已有包括中国电信、松下等知名企业在内的5000多家企业用精确管理思想体系来管理企业。“精确管理”也使金和软件一跃成为业界知名企业。

“精确管理”到底是怎样一种管理模式，能让那么多企业着迷？

栾润峰用了一句很形象的话形容“精确管理”的精髓：“掌握到每一分钟，控制到每一分钱，并让企业在提高效率的同时使员工更快乐。”

简单地说，精确管理，就是将计算机技术、网络技术、管理技术与中国传统文化融合起来，产生出一种行之有效的、技术化了的、可操作的、具体化了的管理模式，并能无限地复制，依此执行就能够逐步地、部分地解决企业管理中的问题与现象，最终做到“掌握到每一分钱，控制到每一分钟”。

如今，“精确管理”已被业界誉为有“魔力”的管理思想，并被媒体喻为“最有价值的本土管理思想”，受到众多企业家的推崇。

精确管理是从20世纪80年代开始创立的，创立之初研究点就在于何为管理，管理就是让人能够有更大的产出。很多领导把管理看作领导者想的事情让大家去执行，造成了一种虚假的繁荣，和善的氛围，但这并不是员工所需要的。

员工到底需要什么呢？这就要求管理回归原本，以人为本。在稻盛和夫看来，管理的最高境界是无为而治，如果自我管理也能把组织管好，就达到了最好的效果。精确管理实际上是用了无为而治这样的方法，使得一个组织中的主体——人，能够自我地调节自己，从而最终实现组织的高效。阿米巴经营就是一种精细化的高效管理方式。很多人认为阿米巴经营就是将企业分成若干个小组织而已，但是这明显是一种非常错误的认识。阿米巴经营不是简单地将企业分成很多个小集体那么简单，而是建立在独立核算基础上的分裂、合并与成长。阿米巴经营的过程就是一种所有企业员工都参与的过程。在阿米巴的经营模式当中，企业经营的基础就是企业与员工之间达成了彼此信任且在共同努力的目标前提下进行强有力的合作。可以说，正是阿米巴的这种合作模式让企业很好地激发了所有员工的工作热情，增加了所有员工而不是仅仅一部分人的成就感。可以说，阿米巴经营不仅仅是进行企业现场改善的优良工具，更是一套具有独特性的先进企业管理体系。

阿米巴经营的重点就是单位时间核算制度，因为单位时间的核算制度能够让市场需求的弹性清楚地反映出来，从而最大限度地发挥企业的潜能。

1959年正值京瓷创立的初期，其主要的项目就是生产制造电视机显像管的零部件。当时的京瓷是一个处在产业链最低端的小企业，根本没有资格和销售商讨价还价，所以想要获得更高的利润只能是尽可能地减少开支。然而对于稻盛和夫来说，不论京瓷再怎么节省就是发展不起来——微薄的利润让京瓷招不到经验丰富的工人，招不到优秀的研发和管理人才，更是无法更新企业的生产设备。就是在这样一种状态下，稻盛和夫开始仔细琢磨如何在不依靠设备的情况下让企业的效益得到提升。在经过一段时间的观察与思考之后，稻盛和夫找到了那个让京瓷腾飞的答案——充分挖掘员工身上的潜力，将所有员工的发展潜力转化为竞争力，毕竟企业是人的企业而不是机器的企业。

为了挖掘员工的潜力，稻盛和夫先是根据工作量的大小实施三班倒制度。但是这种机械式的强制性工作不但没有让员工的潜力得到开发，相反，还使得员工怨声载道。在这种情况下，稻盛和夫只能采取新的办法：告诉员工们企业的发展现状，如果我们的成绩提升不上去，那么我们就都有可能面临着失业，所以大家要加倍地努力！

在企业的发展历史上，几乎所有的企业都认为将企业的重要信息毫无保留地告诉员工一定会造成信息外泄，从而影响企业的发展，因此企业的实际经营状况只有企业管理者自己知道就行了。但是，稻盛和夫却不这么看待，他认为只有让员工了解了企业的经营状况之后才能够彻底地激发员工的信心和责任心。所以，稻盛和夫开始努力地将京瓷的经营状况清晰地展示在员工面前。

将企业的经营状况展示给员工，这并不是一件非常容易的事情，关键就是找到所有人都能够理解的方式。当时，京瓷的主要经营模式就是按照客户的订单将客户所需要的零部件生产出来交给客户，因此京瓷的发展主要就是依靠客户的订单。在这种情况下，稻盛和夫认为提高京瓷业绩的关键就是以销售为主导，于是他立刻根据京瓷的实际需要组建了一支销售团队，同时稻盛和夫也开始尝试着将各个生产环节进行细分，以此来获取更多的利润。

在做出这一决定之后，稻盛和夫首先将单价、订单数量、订单金额等重要信息传达给每一个员工，然后又告诉大家与订单紧密相关的生产计划和利润目标。稻盛和夫的这种方式不是告诉员工“你生产了什么产品”，而是告诉员工“你们生产了价值多少钱的产品”。

可以说，稻盛和夫的这个经营策略为京瓷的发展带来了转折性的改变。此后，京瓷的企业规模不断扩大，有了很多生产基地和专门的工厂，而且这些基地与工厂之间还形成了非常好的良性竞争。在这种经营方式最开始的时候，稻盛和夫将每一个独立出去的部门称为阿米巴，并使用单位时间产值（用各个阿米巴的产值除以总时间）来评估阿米巴的效益。但是实际上这种评估方式并不公平。比如说，专门生产陶瓷的阿米巴使用廉价的原材料来生产陶瓷，而安装金属配件的阿米巴，由于金属配件的价格本来就很高，不需要特别努力就能够非常轻易地获取高产值，其单位时间的产值就比较高，这就导致了评估方式的不公平。

鉴于此，稻盛和夫开始使用新的核算方法——单位时间核算，即从产值中扣除所有成本之后再除以总时间作为新的阿米巴评估标准。结果，原本阿米巴之间的不公平核算被消除，阿米巴之间启动了公平竞争的模式。由京瓷企业自身特点所决定，稻盛和夫最先是在制造部门中开始使用单位时间核算制度。后来随着企业的不断扩大，1970年的时候稻盛和夫又先后在管理部门和销售部门实施单位时间核算制度。而管理部门没有将产值作为评估依据，稻盛和夫就将管理部门的单位时间核算看作是非赢利性的且能够考察企业支出费用和劳动时间的阿米巴。

自从稻盛和夫将单位时间核算的方式推行到整个企业当中之后，京瓷的生产效益开始获得提升，迅速地由最初十几个阿米巴分裂出了1200多个阿米巴。成为世界企业史上的奇迹——在全球500强企业当中唯一一个以生产零部件为主的企业，这是世所罕见的。可以说，稻盛和夫的成功就是大力发展基于牢固的经营哲学和精细的部门独立核算管理形成的“小集体”。

4. 给员工更多的权力与责任

阿米巴在经营中，赋予员工足够多的权力一直是经营的一个重要内容，因为这是京瓷实现全员参与式经营的重要组成部分。在阿米巴经营中，单位时间核算的各项指标的作用并不仅仅是考核员工的业绩，其中一个重要的功能就是赋权——以单位时间的各项考核指标作为京瓷为阿米巴赋权的范围与程度。所以，稻盛和夫说：“阿米巴经营的最根本目的就是实现全员参与式的经营，而这就是一种典型的赋权式经营。”

很多不熟悉阿米巴经营的人总是认为：阿米巴经营中的赋权就是以单位时间核算的各项指标为形式，以此来让经营者将全部的权力分配成为一个个小权力机构。事实上，这只说对了一半，阿米巴经营中的赋权是以这种形式来赋权的，但是竞争和合作关系不同的阿米巴之间的权力总是变动的。比如说，生产部门的阿米巴在根据市场动向制定出生产计划之后，它就会向销售部门施加压力，而这个时候原本两个互相平级的阿米巴就因为一方向另一方施加压力而权力增大。当然，这个权力的转换也是有一定前提的，那就是施加压力的那一方一定要让另一方认可自己制定的计划，如果被动接受的另一方认为制定计划的另一方没有错误，那么就应坚决地去执行，这个时候权力就发生了改变——由做出计划的一方督促执行计划的一方，因此做出计划的一方的赋权就在无形中增大。

稻盛和夫曾说："要想让企业员工能够与经营者拥有相同的经营理念，一个可行的方法就是把企业划分成不同的小组织，然后把这些小集体的经营放权给这些部门的员工。员工得到了授权，自然就会对相关的经营活动产生兴趣，当经营活动获得成果时，他们自然会体会到工作的价值和喜悦。"

1926年，日本"经营之神"松下幸之助想在金泽开设一家办事处。他将这项任务交给了一个年仅19岁的年轻人。松下把年轻人找来，对他说："这次公司决定在金泽设立一个办事处，我希望你去主持。现在你就立刻去金泽，找个合适的地方，租下房子，设立一个办事处。资金我已经准备了，你拿去进行这项工作。"

听了松下这番话，这个年轻的业务员大吃一惊。他惊讶地说："这么重要的职务，我恐怕不能胜任。我进入公司还不到两年，是个新职员。我年纪还不到20岁，也没有什么经验……"他脸上的表情有些不安。

可是松下对他很有信心，以几乎命令的口吻对他说："你没有做不到的事，你一定能够做到。放心，你可以做到的。"

这个下属一到金泽就立即展开活动。他每天都把进展情况一一写信告诉松下。没过多久，筹备工作都已经就绪了，于是松下又从大阪派去一些职员，顺利地开设了办事处。

松下幸之助第二年有事途经金泽，年轻人率领全体下属请董事长去检查工作。为了表示对年轻人的信任，松下幸之助拍着年轻人的肩膀说："我相信你，你只当面向我汇报就可以了。"那位年轻人非常感动，后来办事处的业绩越来越好，年轻人圆满地完成了任务。

松下幸之助回忆这件事时总结说："我一开始就以这种方式建立办事处，竟然没有一个失败……对人信赖，'权力'才能激励人……我的阵前指挥，不是真正站在最前线的阵前指挥，而是坐在社长室做阵前指挥。所以各战线要靠他们的力量去作战，因此反而激发起下属的士气，培养出许多尽职的优秀下属。"

敢不敢授权，是衡量一个领导用人策略的重要标志。从领导科学的角度讲，授权是一种用人策略，能够使权力下移，使每位下属感到自己是行使权力的主体，这样就会使全体下属在权力的支配下，更富凝聚力和责任感。领导者授权给下属，既不是推卸责任或好逸恶劳，也不是强人所难。

授权要遵循必要的原则，避免无限制地授权。

（1）严格说明授权的内容和目标。

授权要以组织的目标为依据，分派职责和授予权力都应围绕组织的目标来进行。授权本身要体现明确的目标，分派职责的同时要让下属明确需要做的工作，需要达到的目标和执行标准，以及对于达到目标的工作如何进行奖励等，只有目标明确的授权，才能使下属明确自己所承担的责任。

（2）考虑被授权者及其团队。

有些时候并非要对个人授权，而是对被授权者所领导的团队授权。一个企业或公司有多个部门，各个部门都有其相应的权利和义务，领导者授权时，不可交叉授予权力，这样会导致部门间的相互干涉，甚至会造成内耗，形成不必要的浪费。

另外，领导还可以采用充分授权的方法。充分授权是指领导者在向其下属分派职责的同时，并不明确赋予下属这样或那样的具体权力，而是让下属在权力许可的范围内自由发挥其主观能动性，自己拟定履行职责的行动方案。

（3）信任原则，用人不疑。

领导一定要全面地了解和考察将要被授权的下属，考察的方式可以为：试用一段时间，在观察并了解下属后再决定是否可以授权，以避免授权后因不合适而造成不必要的损失。如果认为下属是可以信任的，则应遵循“用人不疑，疑人不用”的原则，充分信任下属并授权给下属。一旦相信下属，就不要零零碎碎地授权，应该一次授予的权力，就要一次授予。授权后就不要大事小事都过问，领导可以对下属进行适当的指导，但不可以怀疑下属。否则，不但会伤害下属的自尊心，而且授权给下属也变得毫无意义。

（4）考核。

授权之后，就要定期对下属进行考核，对下属的用权情况作出恰如其分的评价，并将下属的用权情况与下属的利益结合起来。考核不要急于求成，也不要求全责备，而要看下属的工作是否扎实，是否认真细致，是否真实有效。如果下属没有达到预期的标准，则要耐心地帮助下属纠正错误，改进工作方法。

（5）权责一体。

授权的同时要强调权责一体，即享有多大的权力就应担负多大的责任。这样一方面约束了被授权人，另一方面也有效地保障了工作的正常进行。

稻盛和夫曾在一次演讲中指出，赋予责任和说清责任如果能对下属产生较高的激励作用的话，企业经理在交代责任的过程中善于运用语言的艺术性，适当地提升责任，则会产生难以预料的鼓励效果，这也是衡量企业经理是否善用责任激励的重要标志。

从理性分析上提升责任，即深刻阐述该下属所负之责对组织全局的影响，对组织发展的作用和意义。如此会让下属产生被信任和被器重感。信任是对人的价值的一种肯定。信任也是一种奖赏。下属在受到信任后，便会产生荣誉感，激发责任感，增强事业感。从而激发出更大的积极性。让专业员工参与决策的过程，而非被动地接受命令。

一方面可以使他们关注在企业的整体价值上，而非仅从自身专业角度考虑；另一方面能够使他们得到尊重，加强他们对完成任务的使命感，凝聚组织和团队的向心力。通过管理者与员工之间的双向沟通、理解和尊重，服务于员工而不是为了控制员工，才能让专业的下属愿意主动发挥潜在的积极性与创造性，真正树立起强烈的主人翁意识和责任感，忠于职业也忠于企业。

5. 每一个员工都是合伙人

“每一个员工都是京瓷最重要的合伙人，他们为京瓷的发展提供了足够多的帮助，而京瓷的发展也为他们带来了很多机遇。我们是一个整体，缺少了任何一方，另一方都不会取得成功。”关于京瓷的合伙人经营理念，稻盛和夫是这样阐述的。事实上，在阿米巴的经营中，合伙人理念一直都是阿米巴经营的一个重要理念——阿米巴中的员工之间都是合作关系，从阿米巴的领导人到普通的成员，都是一种平等的合作关系，而合伙人理念就是能够让所有的员工都参与到企业的经营中去的最好方式。这就要求管理者借力而行，放手让员工自己去干，为下属搭建“舞台”，给员工以充分实现个人价值的发展空间。

现代企业作为社会经济生活中最具活力的领域和组织形式，往往被员工视为展示自我、实现自身价值的最佳平台。企业管理者要在人事安排上多费心思，力求做到尽善尽美；要充分考虑员工个人的兴趣和追求，帮助他们实现职业梦想。管理者必须营造出某种合适的氛围，让所有员工了解到，他们可以从同事身上学到很多东西，与强者在一起只会让自己更强，以此来帮助他们充满激情地投入工作——而不是停在那里，对他们的际遇自怨自艾。

著名科学家爱因斯坦说过："通常，与应有的成就相比，我们只能算是'半醒者'，大家往往只用了自己原有智慧的一小部分。"因此，对于管理者来说，最好的管理之道就是鼓励和激励下属，让他们了解自己所拥有的宝藏，善加利用，发挥它最大的神奇功效。

比尔·盖茨领导的微软公司，激发员工的有力措施就是为他们提供富有挑战性的工作。

微软对人力资源管理的原则是：需要人力时，立即到市场上去找最现成的、最短时间内能胜任某项具体工作的人。对人员培训的原则是：5%通过培训，95%靠自学和在职"实习"；公司业务在员工没有能"跟着成长"时，就已被淘汰。而加盟到微软的优秀人才，因为"适合"，所以承担起了更多的挑战性的工作。堪称电脑神童的查尔斯·西蒙伊在微软的成长历程就是一个非常好的例子。

西蒙伊和盖茨除了彼此出身不同外，他们有着许多相似之处。1980年，西蒙伊在一个电脑大会上同比尔·盖茨和史蒂夫·鲍尔默见了面。谈话只进行了5分钟，西蒙伊就决定到微软公司工作。因为他发现比尔·盖茨所持的观点卓尔不凡。他预感到在微软公司将大有作为。

而当他进入微软公司后，才发现自己的工作空间居然没有任何的限制，他所选择的工作也成了最富有挑战性的工作。在1981年12月13日召开的微软公司年度总结动员会上，他成为了主角。

他在大会上陈述了开发应用软件对公司发展具有的战略意义，一一列举其他公司在软件开发上已经取得的成绩，并强调指出，必须将公司的奋斗目标集中在尽可能多地开发各种不同的应用软件上，以便为更多的电脑使用。以他为首的开发小组已完成了一种叫做“多计划”软件的设计，并投入试生产。

微软提供的舞台让西蒙伊找到了挑战自我、挑战极限的快感。在来到微软之前，西蒙伊所在的电脑研究中心与斯坦福大学合作，研究出了一种新工具——鼠标。西蒙伊研制的供施乐公司的阿尔托电脑使用的字处理程序，就是第一个使用鼠标的软件。

在应用软件方面开发的初战告捷让他意识到应用软件的巨大市场前景，并产生了一个愿望：要使应用软件对微软公司的贡献超过操作系统。

西蒙伊提出的多计划软件未能打动当时微软的合作方IBM公司，却引起了苹果公司的兴趣。苹果公司从微软与IBM的合作中，看到了这家年轻公司蕴藏的巨大潜力。因此，它非常希望与微软结成“战略伙伴”关系。

1981年8月，苹果公司总裁史蒂夫·乔布斯亲率一批干将来访问微软公司。此时，苹果公司正在研制麦金托什电脑，因此，希望与微软公司联手合作。西蒙伊给乔布斯等人演示了“多计划”，并谈了对多工具接口的全面看法。

1982年1月22日，微软公司与苹果公司正式签订了合同。苹果公司同意提供微软公司3台麦金托什电脑样机，微软公司将用这三个样机创作3个应用程序软件，即电子表格程序、贸易图形显示程序和数据库。

乔布斯可以选择把应用程序与机器包含在一起，付给微软公司每个程序费5万美元。限定每年每个程序100万美元，或分开卖，付给微软公司每份10万美元，或提取零售价格的10%。苹果公司允诺签合同时预付5万美元，接受产品后再付5万美元。

而这所有的开发工作最终都落到了刚到微软没多长时间的西蒙伊的头上，其挑战性不言而喻，但正是这挑战性的工作，让西蒙伊迅速脱颖而出，使他成为微软公司的核心成员之一。在他亮相的这次年会上，西蒙伊的信心、凝聚力、战略眼光和雄才大略给所有员工留下了深刻印象。盖茨称他为“微软的创收火山”，这次演讲也就被称为“微软的创收演讲”。

随着西蒙伊开发工作的不断展开，微软不仅拥有了日后得以称霸应用软件市场的OFFICE系列软件，而且通过合作，从苹果的麦金托什电脑的图形化操作系统上学到经验，推出了竞争性的操作系统软件WINDOWS，这两大法宝成为了微软日后源源不断财富的聚宝盆。

对西蒙伊这样的优秀员工的充分挑战，让微软公司与两大电脑公司IBM和苹果都建立了合作关系，其发展前景是可想而知的。一般来说，和大公司合作的好处不仅能赚钱，也能大大提升自身市场形象，而良好的市场形象又能吸引大批人才和大批客户，这可谓之良性循环。一旦进入这种良性循环状态，即使老板不怎么费心赚钱，钱也会自动找上门来。

西蒙伊这种来自外部的“鲶鱼”也激活了微软内部的竞争活力。当然在引进这些外来的“鲶鱼”，并充分给他们挑战性的工作时，往往也会带来一些麻烦，因为他们往往自视很高，又不熟悉企业的环境，容易与企业的内部组织形成冲突。

盖茨的做法就是给予足够的发展空间，给“鲶鱼”创造条件，让他们有足够的空间积极、主动地发挥才能，更意气风发地投入工作，充分施展他们的所学，如果打算杀其锐气而压抑“鲶鱼”，则必然适得其反。

“微软觉得，有一套严格的制度，你就会做一个很规矩的人，但你的潜力发挥到70%就被限制住了，微软要每个人都做到100%。特别是做软件，需要人的创造力，所以微软有一种激励的文化，如果你现在的情况能做到70%，那公司给你资源，公司给你方向，公司给你鼓励让你去达到100%。”

6. 培养人才和企业一起成长

一直以来，卓越的业绩是京瓷集团获得世人瞩目的一个重要原因。在20世纪80年代的时候，京瓷被评选为“超优企业”。从面市以来，京瓷的业绩就一直呈现出良好的增长势头，即便是石油危机、日元升值以及日本经济泡沫破灭等严峻经济发展时期，京瓷的增长势头也比其他的企业好很多，并且它总是最早摆脱困境的企业之一。而京瓷集团之所以能获得这么快的发展，一个非常重要的原因就是京瓷的员工都非常优秀，阿米巴经营就是用企业家精神去培养员工，这种培养员工的方式让京瓷拥有了源源不断的丰富人才资源，而这正是京瓷集团快速发展的一个重要因素。

京瓷在培养员工的过程中，非常注重高成长性和高收益性——员工高速的成长速度和员工注重阿米巴的高收益率是培养员工的重要内容。因为这是每一个企业家在经营企业的时候必须去关注的。

在京瓷集团中，注重员工的高成长性主要体现在员工的学习能力上。稻盛和夫说：“一个员工只有认真地去学习，并且能够坚持不懈地去学习，他的成长速度才能保证，他才能够拥有更好的成长空间的机会，所以每一个在京瓷集团的员工都应该将自己看作一个需要很大‘舞台’的员工”。

最优秀的人才加上最好的培训发展空间，这就是宝洁成功的基础。作为一家国际性的大公司，宝洁有足够的空间来让员工描绘自己的未来职业发展蓝图。宝洁公司是当今为数不多的采用内部提升制的企业之一。员工进入公司后，宝洁就非常重视员工的发展和培训，通过正规培训以及工作中直线经理一对一的指导，宝洁员工得以迅速地成长。

宝洁的培训特色就是：全员、全程、全方位和针对性。具体内容如下：

全员：全员是指公司所有员工都有机会参加各种培训。从技术工人到公司的高层管理人员，公司会针对不同的工作岗位来设计培训的课程和内容。

全程：全程是指员工从迈进宝洁大门的那一天开始，培训的项目将会贯穿职业发展的整个过程。这种全程式的培训将帮助员工在适应工作需要的同时不断稳步提高自身素质和能力。这也是宝洁内部提升制的客观要求，当一个人到了更高的阶段，需要相应的培训来帮助成功和发展。

全方位：全方位是指宝洁培训的项目是多方面的，也就是说，公司不仅有素质培训、管理技能培训，还有专业技能培训、语言培训和电脑培训等等。

针对性：针对性是指所有的培训项目，都会针对每一个员工个人的长处和有待改善的地方，配合业务的需求来设计，也会综合考虑员工未来的职业兴趣和未来工作的需要。

公司根据员工的能力强弱和工作需要来提供不同的培训。从技术工人到公司的高层管理人员，公司会针对不同的工作岗位来设计培训的课程和内容。公司通过为每一个雇员提供独具特色的培训计划和极具针对性的个人发展计划，使他们的潜力得到最大限度的发挥。

宝洁每年都从全国一流大学招聘优秀的大学毕业生，并通过独具特色的培训把他们培养成一流的管理人才。宝洁为员工特设的“P&G学院”提供系统的入职、管理技能和商业技能、海外培训及委任、语言、专业技术培训。

（1）入职培训：新员工加入公司后，会接受短期的入职培训。其目的是让新员工了解公司的宗旨、企业文化、政策及公司各部门的职能和运作方式。

（2）管理技能和商业知识培训：公司内部有许多关于管理技能和商业知识的培训课程，如提高管理水平和沟通技巧，领导技能培训等，它们结合员工个人发展的需要，帮助新员工在短期内成为称职的管理人才。同时，公司还经常邀请P&G其他分部的高级经理和外国机构的专家来华讲学，以便公司员工能够及时了解国际先进的管理技术和信息。公司独创了“P&G学院”，通过公司高层经理讲授课程，确保公司在全球范围内的管理人员参加学习并了解他们所需要的管理策略和技术。

（3）海外培训及委任：公司根据工作需要，通过选派各部门工作表现优秀的年轻管理人员到美国、英国、日本、新加坡、菲律宾和香港等地的P&G分支机构进行培训和工作，使他们具有在不同国家和不同工作环境下工作的经验，从而得到更全面的发展。

（4）语言培训：英语是公司的工作语言。公司在员工的不同发展阶段，根据员工的实际情况及工作的需要，聘请国际知名的英语培训机构设计并教授英语课程。新员工还参加集中的短期英语岗前培训。

（5）专业技术的在职培训：从新员工加入公司开始，公司便派一些经验丰富的经理悉心对其日常工作加以指导和培训。公司为每一位新员工都制定其个人的培训和工作发展计划，由其上级经理定期与员工进行总结回顾，这一做法将在职培训与日常工作实践结合在一起，最终使他们成为本部门和本领域的专家能手。

要想让员工在竞争中拔得头筹，就要加强对员工的培训。培训是员工素质提升的一个重要手段，通过培训，不仅可以帮助新员工掌握新工作所需的各项技能，更好地适应新环境；也可以使老员工不断补充新知识，掌握新技能，从而更快地适应工作变革和发展的要求；更重要的是，培训可以使企业管理者及时了解新形势，树立新观念，不断调整企业发展战略和提高经营管理水平。企业员工整体素质的提高，可以有效地增强企业的竞争力，高素质的员工是企业制胜的法宝。因此培训可以说是企业获取员工素质优势的重要手段，是形成核心竞争力的重要渠道，也是企业持续发展的力量源泉。

经过培训后，员工往往能掌握正确的工作方式和方法，并在工作中不断创新和发展，当然其工作质量也就能大大提高。另外，随着企业员工知识的增多、能力的提升，在工作中自然就能减少失误，减少工作中的重复行为。而且，通过培训，还可以加强企业员工之间的沟通和协调，减少部门间的摩擦和冲突，增强企业的凝聚力和向心力，这些都可以大大提高整个企业的工作效率。

每个员工都渴望自己能成为一个能当元帅的好士兵，希望不断充实自己、完善自己，从而使自己的潜能不断地得以挖掘和释放。因此，工作对很多员工来说，不仅仅是一份职业，也是其实现自我价值的一个舞台。所以，当企业重视并投资于员工的各类培训，员工就会感到自己的价值被企业所认可，从而产生一种深刻而持久的工作驱动力，使企业始终保持有高昂的士气。

海尔集团总裁张瑞敏说："没有培训的员工是负债，培训过的员工是资产。"教育与管理是不可分割的。教育促进管理，管理反作用于教育，两者相互作用，相得益彰。许多企业的经验已经表明，在教育和培训方面投资的回报率将越来越高，所以，管理者要善于培育员工，"教育部属是我的重要工作"——要有这样的责任感。

7. 靠金钱留不住人才

京瓷之所以能够成为日本企业的代表，能够成为全球最有影响力的企业，就是因为京瓷有着巨大的吸引力——能够吸引来人才，也能够留住人才，而这也正是京瓷成功发展的秘诀之一。稻盛和夫说："京瓷凭什么让员工留下来？京瓷凭什么让员工能够发挥自己的积极主动性？有人说是京瓷的薪酬福利待遇好，但是我认为这只是一方面，并不准确。在我看来，京瓷之所以能让员工留下来并能让其努力地奉献出自己的聪明才智，并不是因为钱，而是因为京瓷独特的管理。”

很多企业家在经营企业的时候总是认为：只要我给员工满意的薪水，员工就能够给我留下来工作，只要我能够给员工不断地涨薪水，员工就会加倍地努力干活。可事实上却是，他们的想法总是很难实现，事与愿违是最常出现的一个结果。对于这种现象，稻盛和夫曾经说过这样一句经典的话：“没有任何一个家长能够用金钱收买自己的子女去做作业，也不太可能有丈夫用足够多的金钱贿赂自己的太太承包所有的家务，而企业家更不可能用金钱来让员工加倍地去工作。”

在经营企业的过程中，如果企业领导人总是寄希望于用金钱去留住人才，那么很有可能会事与愿违，而且还会出现两种这样的现象：第一种现象，用金钱去留住人才的企业领导人可能会让员工感到自己不被尊重，这样的企业不是善待人才的企业，因而吸引不了人才，更留不住人才；第二种现象，用金钱去留住人才的企业领导人可能只会迁就人才，而不会管理人才，只要他一管理，员工就走。所以，在京瓷中稻盛和夫一再强调：“物质条件只是挽留人才的基础，但是它却并不是京瓷留住人才的全部。”

一个人不仅仅是围绕着物质利益而生活的，员工也不仅仅是为了金钱而工作。人有精神要求，有互相交流感情的需要，这一点在中国人的身上体现得尤为明显。就管理者来说，要充分发挥下属的能力和作用，使下属尽职尽责，除了给予下属金钱物质上的需求的满足以外，还必须加强对下属进行感情上的投资才能增强企业凝聚力，达到和谐管理的效果。如果仅仅只是靠金钱物质层面的满足是无法做到这一点的。

海信集团的企业文化理念是：倡导人和人之间的情感关怀。“在海信，就像生活在一个大家庭一样，让人感觉温暖”，海信的员工深有感触地说。

海信董事长周厚健一贯强调，企业是员工的。海信把员工当作企业最宝贵的资源，为每个员工的成长搭建了良好的平台：海信每年投资1000万元用于海信学院教育培训经费；定期举办各种论坛、培训；用项目承包制释放人的潜能等等。这一系列措施，营造了一种宝贵的文化氛围，使每一个海信员工在工作中感受到成长的喜悦。

海信非常关心员工的生活。除了给员工提供优越的住房条件之外，针对销售人员长期在外、难以顾家的特殊情况，海信特别设立了“内部服务110电话”，由专人负责为销售人员家属排忧解难，以消除销售人员的后顾之忧，使海信真正成为海信人的家园。

在善待员工的问题上，海信更是做到了负责到底：曾有一个在海信技术中心工作的来自农村的大学生杨某因游泳而意外身亡，董事长周厚健在惋惜的同时，给予了杨家极大的安慰：“你们失去了一个好儿子，是家庭的损失；海信失去了一个优秀人才，也是企业的巨大损失……有什么要求尽管提出来，我们会尽力解决。”而杨的家人婉拒了。但海信依然给予杨家一次性经济补助8万元的决定，大家还纷纷捐款。对此，杨的父亲感动得泪流满面……

通过这种情感管理，不仅增强了员工努力克服困难的信心，还激发了他们的工作热情。正如海信员工所说的那样：

“集团领导和公司领导时刻想着我们大家，关心我们的工作，关心我们的生活，海信就是我们共同的家。有这样贴心的领导，有这样温暖的家，我们有什么理由不好好干呢？”最典型的事例就是：一次，青海省西宁市有一位少数民族同胞使用的海信空调，因当地气温太低导致感温头冻裂，不能启动。海信接到求助电话后，立即派技术服务人员去检修。但途中下起了鹅毛大雪，山路难行，维修人员不顾一切，雇了一辆出租车来到用户家里，修好了空调。这种出色的服务，令外族同胞感动得不知说什么才好……解除故障后，技术人员又冒着风雪离去。

我们都知道应当善待员工，因为组织的任务最终靠他们来完成，而且，他是与你朝夕相伴的战友。你应当真正地为他们着想，绝不是偶尔的一些问候，要让他们知道你很关心他们。

你要多参加员工的活动，了解他们的苦衷，及时与员工沟通，仔细倾听员工的意见。尤其对于员工的建设性意见，更应予以重视，细心倾听。若是一个好主意并且可以实施，则无论员工的建议多么微不足道，也要切实采用。员工会因为自己的意见被采纳，而感到欢欣鼓舞。即使这位员工曾经因为其他事情受到你的责备，他也会对你倍加关切和尊敬。

你还需要给员工创造良好的工作环境，让他们知道你处处体贴他们。你还要认同员工的表现，向员工表示赞赏，保持和蔼的表情。一位经常面带微笑的领导，谁都会想和他交谈。即使你并未要求什么，你的员工也会主动地提供情报。你的肢体语言，如姿势、态度所带来的影响也不容忽视。若你经常自然地面带笑容，自身也会感到身心舒畅。保持正确的举止，在无形中它已引领你迈向成功的大道了。有许多运动员，都表示过类似的看法："我会在重要的比赛之前，想象自己获得胜利的情景。此时，力量会立刻喷涌而来。"一个保持愉悦的心情与适当姿态的人，更容易受到众人的信赖。

依然不忘提醒一句的是，你要容忍每位员工的个性与风格，使他们作为一个活生生的人存在，不要把他们管理成一个只会说话的机器。

管理者都应该明白，关心员工的身心健康，就是关心企业的健康成长和持续发展。因为我们看到，在损害员工身心健康、导致员工身心疾病的原因当中，有企业制度不合理、不科学的弊端对员工的严重束缚；有企业运营机制、管理机制不健全对员工的严重伤害；有劣质或过时的企业文化对员工的严重困扰等。这些因素，既是损害员工身心健康的职业压力，也是阻碍企业健康成长和持续发展的强大阻力。

国内外的大量调查研究都显示，由这些因素形成的过重的、不当的职业压力，不仅损害员工的身心健康，而且损害企业组织的健康。因此，关心员工的身心健康，帮助员工克服或减轻职业压力，就是消除企业或组织前进的阻力，解开束缚企业发展的枷锁。

不关心员工身心健康的管理者不是好的管理者，不关心员工身心健康的企业是不负责任的企业，这样的管理者与企业是没有未来的。幸运的是，越来越多的企业已经意识到这个问题的严重性。人本管理、人性关怀已成为时代趋势和国际潮流。

任何团队都是由有着情感的人组成的，都是一个有感情的群体，以上的叙述与分析中，我们同样得到了一个不容置疑的结论：既最有效的管理方式并非是强硬的制度管理，想要激发下属的积极性也并非是只要满足他们的金钱物质等方面的需求就够了。而是在于情感方面的投资，也就是孔子所倡导的“仁”这一思想精髓，由此可见，对企业员工投入真情实意的情感，才是管理的最高境界，才是管理者调动员工积极性的最有利方式。管理心理学研究表明：一个人生活在温馨友爱的集体环境里，由于相互之间尊重、理解和容忍，使人产生愉悦、兴奋和上进的心情，工作热情和效率就会大大提高；反之，其工作热情将大打折扣。企业管理者只有争取到人心，才能稳住人才。对待人才的态度、方法不同，造成企业兴衰的例子不胜枚举。事实证明，管理者与员工同心同德，能够减少企业员工的流动，降低企业的人力资源成本，从而增强企业的市场竞争力。

8. 实行高度透明的管理方式

企业的透明度关系到员工对企业的信赖度，企业越透明，员工对企业的信赖度越高；反之，员工对企业的信赖度就越低。在京瓷集团中，实行高度透明的经营是实现全员参与式经营的一个重要方式。稻盛和夫说："给自己的员工高度的认同感，这就需要企业家具有很大的魄力，敢不敢将企业变成一个'透明体'，让员工彻底地了解企业，让企业不用去提防员工，这样企业就能够拧成一股绳，获得足够大的竞争力。"

在这一点上，杰克·韦尔奇的"打破管理界限"就给"透明管理"做出了榜样。当他接任GE公司总裁时，GE已经染上了许多大公司都具有的"恐龙症"——组织臃肿、部门林立、等级森严、反应迟缓、行动不力。GE当时的组织是按部门划分的，但每个部门的领导并没有什么实权，他们所负责的工作不过是像漏斗一样传递信息。GE的这种横向交流的等级界限严重降低了公司的决策效率。

鉴于GE的这种组织结构，韦尔奇开始了他的变革：打破管理的界限，构建无界限的组织，解决公司规模和效率的矛盾，使之既具有大型企业的庞大力量与资源，同时又具有小型公司的效率、灵活性和自信，保持初创企业的灵敏。

韦尔奇专门为GE设计了一种“无界限”的组织模式，他要借此达成如下几个目的：第一，信息传递更畅通。消除官僚式的推诿和空谈，使经理与员工互相认识、互相了解，人们既可以畅所欲言，也可以静心聆听。他认为，员工间不分彼此应成为GE唯一的管理规则。第二，行动上更加迅速。速度“是竞争力不可分割的组成部分”，在市场竞争中如果缺乏速度就要付出代价。第三，减少管理结构中的层次，减少信息损耗。第四，杜绝时间浪费，摒弃繁琐的公文以及过程，不把时间浪费在无止境的审阅、批示、党派关系和文字游戏上，所有人员可以自由地将他们的精力和注意力投向市场，而不是用于互相扯皮上。

除此以外，韦尔奇还大量裁减员工，所有不称职的员工不论职位高低一律走人。这就让其他留下来的员工诚惶诚恐，拼命工作。在大量裁减冗员的同时他还大力压缩管理层次，强制性要求在全公司任何地方从一线员工到总裁之间不得超过5个层次，使原来高耸的宝塔形结构一下子变成了低平而坚实的扁平化结构。

韦尔奇理想的组织是一种“无界限组织”，就是要创造一个员工们能够自由发挥的环境，发掘每个员工的最大潜能，所有的员工都可以参与决策，并充分地获得决策所需的重要信息。员工不再被告诉该做什么，也不再只做上司分配的工作，而是被赋予了充分自主的权力并且承担责任，去做应该做的事情。

韦尔奇还鼓励、发动全体员工动脑筋、想办法、提建议，改进工作，提高效率，推行“群策群力”的活动。其中最常见的模式被称为“施政会议”——公司执行部门从不同层次、不同岗位上抽出几十人或上百人，到宾馆参加为期3天的会议。前两天与会员工被分为五六个小组，讨论工作中存在的问题并制定解决方案，第三天各小组向大会报告其讨论结果与建议，部门负责人要当众回答问题。这样一来，从公司的各个企业、各个层次挑选出来的员工代表济济一堂，可以畅所欲言地发泄他们的不满，提出各种建议和意见，清除一个又一个不具有生产能力的工作程序。这一模式很好地实现了员工参与管理，大大提高了员工的工作热情，同时也带来了明显的经济效益。现在，“群策群力”讨论会已成为GE公司的一种日常性活动，参与人员也从员工扩大到顾客、用户和供应商。

韦尔奇的这种“无界限组织”改革使GE成为了一个开放的、自由的、不拘泥于陈规的公司。也使员工能够迅速且容易地调换工作岗位，能够尽可能快地、有效率地与外部接触，并鼓励他们参与、合作，打破了过去公司中那种封闭、老死不相往来的状况。

打破管理的界限，就是要拆毁企业中所有阻碍沟通的“高墙”。韦尔奇对此做了一个形象的比喻：“一栋建筑物有墙壁和地板。墙壁分开了职务，地板则区分了层级，而我要将所有的人全都聚在一个打通的大房间里。”正是通过这种“打破管理界限”的领导，使GE焕发了青春，焕发了生机，变得更加灵活，也更具有竞争力。

企业没必要设置诸多界限将员工、任务、技术等等分割开来，恰恰相反，管理者应该将精力集中于如何清除这些界限，以尽快地将信息、人才、奖励及行动落实到最需要的地方。“无界限”实质上就是以柔性组织结构模式替代刚性模式，以可持续变化的结构代替相对固定的组织结构，使企业具有可渗透性和灵活性的边界，以在市场经济中体现更多的竞争力。而能否建立“无界限”的组织则是对管理者统筹能力的一个严峻考验。

人们常常把简单思维理解为幼稚的、简陋的、不动脑子的思维方式。实际上，简单思维并不是低级的思维方式，它能帮助人们在观察问题和解决问题时，化繁为简。这种思维方式有着特殊的思维功效，能够帮助人们提高思维效率。

工作中的许多问题都是如此，看似很复杂，实际上可以用很简单的方法将其解决，关键就是要跳出复杂的思维陷阱。如果不能摆脱种种思维的束缚，是很难找到简单的方法的。作为企业家，更应该学会简单思维。管理大师德鲁克说：“管理的目的是为了少管理。”一个卓有成效的管理者最重要的能力就是让管理过程化繁为简，在繁杂中去芜存精，找到解决事情的最佳方案。

优秀的企业都懂得摒弃复杂烦琐的东西，依靠最简单、平常的东西来解决问题。一个简单的问题，不能人为地把它复杂化；一个复杂的问题，更要将之简单化。简单化的信息传递得更快，简单化的组织运转更灵活，简单化的设计更易被市场接受。简单意味着有无限可能，经典的往往是简单的。任何大企业，其理念和管理手段无论多么先进，都会由上至下逐渐减弱。因此，越是复杂的原则、理念越难以落实到基层，采取简单的、通俗的原则，可以将之贯彻到最基层，从而很好地解决了流程和执行问题。国内的很多企业，规章制度动辄几十页、几百页，其实这么复杂完善的制度，有几个人愿意去了解呢？又怎么可能被落实呢？所以，管理源于简单，这是GE公司这样一个“巨无霸”企业的管理经验，对管理者有很大的启示。

作为企业家，只有不断地运用简单思维，才能使领导艺术达到“运用之妙，存乎一心”的境界。大道至简，用最简单的方法有时可以解决最复杂的问题，关键在于，我们是否具备这样的思维素质。企业家只要不断地领悟简单思维方法，学会把复杂的问题简单化，那么，再大的企业，也可以管理得轻松自如、游刃有余；再难的问题，也能解决得了无痕迹。这样才能探索出一条简单之路。

第三章

意志式经营
——付出不亚于任何人的努力

所谓“不亚于任何人的努力”，不是说“做到这种程度就行了”，而是没有终点、永无止境的努力。将目标一次接一次向前推进，就要进行持续的、无限度的努力。

——稻盛和夫

1. 竭尽全力度过萧条时期

在过去企业不景气的时候，报纸上经常报道说，一些综合性电器厂家向自己的员工发放本公司生产的产品，比如电视机、电冰箱等作为他们的年终奖。

经济的萧条使得库存增加，为了减少存货，有些厂家将产品发放给员工来代替奖金。有一个厂家动员工厂的员工：“现在库存积压到相当的数量，希望所有的员工都来帮着卖，可以去推销给你们农村的亲戚朋友，价格优惠，只要能赚回成本就行。”结果库存很快就被一扫而光，原本积压在仓库里的冰箱、洗衣机、电饭锅等，全部由本厂员工推销给了他们的亲戚朋友。

这样的做法，有一个显而易见的好处，那就是进行全员推销，让大家都明白，推销产品的时候要低头求人，推销工作是多么不容易、多么辛酸，这是很有意义的。

萧条时期，全体员工都应该走出工厂，出去推销。企业各个部门平时都应该积累一些好的想法和创意，这些想法和创意在萧条时期就可以派上用场了，可以将这些想法和创意用到客户身上，唤起他们对自己产品的潜在需求，这件事全体员工都应该去做。

营销、制造、开发部门必须要参与，自不待言，间接部门同样应该参与进来，全体员工必须要团结一致，向客户提供服务，创造出商机。这样做，不仅能够满意于客户，而且可以拓展自己的视野，从公司内部发展到整个企业。

就目前来看，萧条的趋势似乎更为严重。面对这样一个不景气的时代，公司首先就应该强调进行全员营销，“京瓷”在面对第一次石油危机的时候，就是这么做的。“京瓷”主要从事于制造业，公司的研究人员每天都在实验室里搞研究，技术开发人员进行技术开发实验，生产人员搞生产，营销人员搞销售，分工非常明晰。但是，由于1975年的那次石油危机，一个月的订单由27亿日元忽然降到不足3亿日元，由于生产的产品非常少，大家手里都没有什么活儿，一片冷清，出现了严重的萧条景象。

在这种情况下，稻盛和夫提出了全员营销的口号，包括有一点生产经验的现场生产人员在内，所有的员工都出去推销京瓷的产品。即便是那些农民出身的老员工也去推销产品，流着汗向客户询问：“有什么工作可以做的吗？让我们干，我们什么都能干！”这样做最后取得了很大的成效。

一般而言，生产部门和营销部门往往是相互对立的，比如，生产部门会经常对营销部门抱怨：“你们找不到客户，我们没法生产。”可是假若由生产人员也去营销东西，他们就会知道营销的不容易。因为生产人员体会到了营销人员的辛劳，就会使两者更加和谐，都对对方有了一定的了解，能使双方可以更好地配合。全员营销可以使生产和营销营造出一种齐心协力的氛围。

如果所有人员都去搞营销，就会产生一种凝聚力：即便是制造业中的尖端产业，卖东西、销售产品依然是企业经营之本。

“京瓷”销售的产品，是用于工业上的新型陶瓷材料，靠普通的流通渠道是销售不出去的。必须要低三下四地跑到客户那里，低头恳求：“这样的新产品我们公司还可以做，希望能为贵公司效劳。”一边询问还一边进行推销，“即便是特殊产品，你们是否还可以有其他的用途呢？”这样一边提问，一边进行试探性的营销。

从某种角度上看，向客户讨订单就是最大的困难。但是，如果让没有这种经历的人做企业的领导，公司恐怕就经营得很糟糕。让员工知道其中的苦楚，让他们了解要订单有多困难，经营企业有多困难，尤其是营销部门以外的领导，让他们有切身的体验是非常重要的。

萧条时期还可以对新产品进行全力开发。有的产品平时因工作忙碌而不能对产品进行重新研究，有的产品平时没有时间充分听取客户意见，而这些产品都要进行积极开发。不但是技术开发部门，就连营销、生产、市场调查等部门也要全身投入，积极参与，共同研发。

萧条时期客户也会非常空闲，也在考虑有没有新产品可卖。这时应该多去主动拜访客户，听听他们对新产品的意见和建议，指出老产品的不足之处，然后将意见带回来，在新产品的开发和新市场的开拓中发挥作用。

“京瓷”初期的产品主要是用在纺织机械上。因为纱线运转速度非常高，同纱线接触的零件的磨损度也比较大，不锈钢的零件一天之内就出现磨损和断裂。这些地方倘若使用耐磨的陶瓷零件，效果非常好。“京瓷”当时开发了许多种陶瓷零部件，以供纺织机械使用。

京瓷有一位营销员在静冈县一家渔具制造企业进行访问，无意中看到一种钓鱼的鱼竿上附带着卷线装置。这位营销员非常聪明，他就向对方提出说：“我们公司专门研究新型陶瓷，譬如纺织机械上和高速运转的纱线接触、容易产生磨损的地方，都是我们公司生产的陶瓷产品。你们的鱼竿上跟天蚕丝线接触的金属导向圈，非常适合用我们公司的陶瓷来做。”

可是鱼竿上的导向圈，跟纺织机械完全不同，由于纱线不停地高速运转而非常容易磨损。因此对方回答说：“陶瓷价格太高了，没必要。”

但这位营业员仍不死心，继续鼓动他说：“用陶瓷零件不仅可以解决磨损问题，而且能够减少和丝线之间的摩擦指数。”钓鱼时先应该挥舞着鱼竿，让鱼钩飞出去，倘若摩擦系数太大，钓线滑动阻力就一定会很大，鱼钩就很难飞远。还有一点，金属圈在钓到大鱼的时候，由于摩擦力过大，丝线会“啪”地一下断掉。

渔具企业的人听了他的一番话之后，就说：“既然你这么说，那就姑且试一试吧。”于是营业员带上手套，先使用原先的金属圈，加上负荷用力拉，结果钓线果然发热断裂，随后用上陶瓷圈，结果效果非常好。

“就是它了！”渔具企业的人终于被说服了，从此使用陶瓷导向圈来代替金属圈。现在只要是高级鱼竿基本上都使用了陶瓷导向圈，而且从静冈渔具厂开始向全世界推广。有人可能会说，那么不起眼的产品，根本没什么了不起的，但这个零件每个月有500万的销量。

2. 经营者要有强烈而长久的潜意识

稻盛和夫强调经营者应该怀有强烈而长久的潜意识，因为一旦将潜意识激发出来，一定更能有助于经营上的拓展。什么是潜意识？人的意识可以分为潜意识和显意识。显意识是指可以任意运用的意识，而潜意识往往是不显露出来，潜意识所持的容量远远大于显意识。在日常生活当中，就不乏驱动潜意识的事例，比如说当一个人在开车的时候，左手握着方向盘，右手持着排挡，我们是先运用大脑来进行理解，也就是应用于显意识，在开车的同时思考其他事，一样可以驾驶得平稳自如。

运用潜意识的方法分为两种，一种办法是当一个人受到强烈的冲击性刺激的时候，这种强烈的刺激就会进入他的潜意识，并不断地返回到显意识中去。据说人在临终之时，过去的事情会迅速地在脑海中掠过，一生的经历都闪现在脑海中，这就是说，储存于潜意识中的记忆在人生终结的时候，就会跟显意识一同显现出来，可是我们不想要取得这样的经验。第二种办法就是反复地经验体验，通过反反复复的经验就可以将潜意识发挥出来，比如说要达到多少的销售额，达到多少的利润，这样的目标反反复复地在心中呼喊着，就可以不知不觉间进入潜意识。

把对成功的渴望灌输到潜意识中固然能带动一个人的成长，但并不是说在头脑中只要出现渴望就一定会达成自己的目标。在稻盛和夫看来，人们潜意识里对成功的渴望必须是强烈的，而不是随随便便想出来的，而且对成功的渴望必须有自身强烈意念的支撑。例如，“我一定要取得成绩”“必须要取得阶段性进展”等强烈的意念。

一个人为了实现梦想在头脑中不停地想一件事儿，并能够做到念念不忘，这样在自己的潜意识里就已经形成了对该梦想的印记。这种印记会随着一个人成功欲望的强弱而发生变化，印记深的人，对成功的欲望就强烈；印记浅的人，随着时间的不断推延，对成功的欲望就会逐渐消退。

人们的潜意识大多隐藏于人们的内心深处，是经过长时间潜移默化形成的。虽然潜意识平常在一个人身上表现得并不明显，但在时机成熟或特殊时刻它就会出现，而且还会发挥出其惊人的力量。

例如，一个登山爱好者想要实现攀登世界最高峰的梦想时，他就会告诉自己一定要实现这个梦想，而且在他的头脑中也会出现攀登山峰的画面，于是在这种强烈意识的影响下，他会意识到想要攀登到世界最高峰不仅需要勇气，还要具有充足的体能，于是为了实现梦想，他便会训练起自己的体能并不断学习攀登的技巧，甚至还会学习一些自救的医务常识等，在他看来，他所做的这些准备工作都有利于他攀登山峰。更有甚者，睡觉时也不忘憧憬自己的梦想，经常梦到自己已经攀登到世界最高峰……而这就是潜意识使然。

在个人的工作过程中，潜意识同样也可以发挥其优势。比如工作中遇到一时解不开的难题时，可以用类似于“一个小时必须找到解决问题的答案”这样的方式督促自己尽快解决问题，而在这样强烈的意念下，往往就会有灵感闪现，使你及时找出解决问题的方法，而这就是潜意识带来的魔力。

如果人们能够做到每时每刻苦苦思考，那么愿望就会在人们的潜意识里“生根发芽”。这样，即使自己没有留意，它也将会给你带来启发，最终使你的理想“开花结果”。

而企业在经营发展中也可以借鉴这种潜意识带来的力量。当下，经常会听到一些企业管理者抱怨：“为什么产品生产出来后却找不到销路？”“究竟有什么好办法可以让企业发展得更快些呢？”

对此，企业管理者直该自问：“对产品做没做过市场宣传？”“广告宣传的力度如何？”“让企业实现持续增长的决心和动力有多大？”如果企业管理者潜意识里的回答是：“我们一定要将产品投入到市场，然后通过三年左右的时间将它推向国际市场……”“我们有足够的决心把企业做好，力争在年内实现其上市，通过不断引进科研技术以及大力培养人才的方式实现企业快速持续地增长。”当企业管理者的头脑中形成这样强烈的意识后，就一定会在潜意识的引领下做出利于企业发展的决策，从而使企业发展得更加顺畅。

稻盛和夫在其企业管理中总会从自己的潜意识中获得启发，从而使企业发展得更加壮大。其实从京瓷公司的发展来看，每一次在进行技术创新时，京瓷公司都要向外引进掌握新技术的科研人员。虽然稻盛和夫对技术创新非常自信，但有时还是会遇到找不到相关技术人员的尴尬。可以说，这算得上是令稻盛和夫最为头疼的问题之一。

但事情总不是绝对的，机会总能在无意间出现。

有一次稻盛和夫在酒店饮酒，忽然听到旁边有人说话，从那人的言谈之中，稻盛觉得那人应该就是思考的专门人才，于是他赶紧起身向他请教。两人便开始攀谈起来。

大家只是萍水相逢而已，彼此并不相识，然而心中那种强烈愿望已经渗透到他的潜意识中，将偶然邂逅当作一种难得的良机，最终使事业获得成功。这些都应归功于潜意识，但是进入这个境界之前必须坚定心中的信念，必须全身心投入，并且不断驱动潜意识的过程。

如果对要做的事三心二意，甚至朝秦暮楚，那它是不会渗入到潜意识中去的，只有保持强烈而长久的愿望，才能激发你的潜意识为你效劳。

3. 意志力是企业成功的基础

在《圣经·箴言》中，以色列历史上的伟大智者所罗门说："他的心如何思量的，他的为人就是怎样的。"你用怎样的心态去看待问题，那么你就会得出怎样的结论。

成功或者失败都是由自己决定的。当自己心中想成功的欲望大于害怕失败的恐惧时，这种正面的自我暗示和潜意识的激发就会形成自信心，从而转化成积极的心态，而这种乐观的信念会激发人们无穷的热情、精力和智慧，根植于这种正面的想法最终才能获得成功。相反，负面的想法对我们的发展不仅无益，更不能解决任何问题，牢骚只会让成功远离我们。

稻盛和夫的成功就取决于他的自我意志。他回忆自己的人生之路时说道："从改变内心想法的瞬间，我的人生开始发生转折。以前的恶性循环终止，良性循环随之开始。从这段经历中，我体会到人的命运不是像铺设的铁轨一样被事先定下来的，而是根据自己的意志能好能坏。"

稻盛和夫所说的"改变内心想法"，开始于他多苦多难的少年时代。少年时代的他疾病缠身、仕途受挫，但因为他选择了积极正面的心态，纵使身处逆境，遭遇人生之大不幸，他也要把挫折当作考验去正面迎击，从而改变了自己的人生方向。

稻盛和夫总是强调：“我们希望人们铭记这个‘宇宙法则’，那就是人生与心念一致，强烈的意念将以一定的现象表现出来。”那些常常被视为失败的事情，不过是暂时性的挫折而已，它会使我们重新振作起来，从而转向其他风景更美好的方向前进，所以，遭遇挫折其实是一种幸福的开始。

稻盛和夫认识到，无论成功或失败，都是造物主给予自己的功课，他借此观察人类如何去应对它们带来的考验。面对成功也好，失败也罢，真正的胜利者是能利用造物主给予的机会，磨砺出纯净美丽的心灵的人，而不能利用这个机会的人将是真正的失败者。

能否改变命运取决于自己内心的意念。很多人往往不能正确认识自己的命运，总认为很多事是命中注定的。其实，命运掌握在自己手中，以怎样的态度去面对人生非常重要。命运到底是什么？稻盛和夫将命运定义为，在我们的生命期间俨然存在的事实。但是，稻盛和夫又否定了命运是人类力量无法抗拒的“宿命”。他认为命运可以因我们的内心而改变，他说：“人生是由自己创造的，能够改变命运的只有一个，就是我们的内心。这就是‘立命’。”命运遭遇苦难，不能成为我们气馁的理由。稻盛和夫曾把他一生中遭遇的灾难喻为“洗去罪孽的清洁剂”。

在他的企业经营中，“我能”“一定要”的意志力已经成为企业文化的一部分。

京瓷公司在日本滋贺县的工厂里，有这样一位极其普通的员工，他只有高中学历。给人的感觉十分谦虚，领导指派任务时，他会拿出小册子认真地记录。在工作中表现得十分认真，经常会双手沾黑、满头大汗。在工厂中很少有人注意到他，但他却能在默默无闻中做好每一件工作。

时隔二十年，当稻盛和夫再次见到他时，大吃一惊——此前曾默默无闻的他居然在一家电子企业出任总经理职位，于是稻盛和夫与其攀谈起来。

“您取得的成绩令我感到惊讶。”稻盛和夫说道。

“您过奖了，我所取得的成功都要归功于所付出的努力。”

“与此前相比，您取得的成绩令人刮目相看，您是如何做到的呢？”稻盛和夫请教道。

“我所取得的成功是在强有力的意志力支撑下取得的。在别人眼中也许我并不起眼，但是我有自己的人生发展目标，虽然有些人嘲笑我努力也会徒劳无功，但我渴望改变现状的意志力提醒我，要想成就未来美好的明天就必须要不断地努力，当努力达到一定程度后，成功自然就会送上门来。”

“您在努力实现梦想的过程中一定很辛苦吧？”稻盛和夫关切地问道。

“的确如您所说，努力的过程既漫长又辛苦，但我并没有停下脚步，还是不断地向前冲，当我冲到终点时，才停下了脚步。”

此时稻盛和夫终于明白，这个人从最初的普通员工成长为一名杰出的企业家是在强有力的意志力支撑下实现的。

而稻盛和夫在企业经营中也正是凭借这样的意志力取得成功的。

由于稻盛和夫在新型陶瓷技术方面做出了杰出贡献，因此被授予“技术革新先驱”的称号。此后，很多科研人员和企业家向他请教做出杰出贡献的“真经”，而在稻盛和夫看来，在新型陶瓷领域取得令人瞩目的成绩最关键的因素就是对成功有着强有力的意志力。

众所周知，在科技研发领域，想要取得革命性的成果，不仅需要有专业的知识与精湛的技术，还必须要有对成功的强烈渴望以及强有力的意志力。特别是在开拓未知领域时，强有力的意志力事关重要。

稻盛和夫认为，只有具备了强有力的意志力以后，在事业发展中遭遇到困难时，才不至于被困难击倒，才能以乐观向上的精神战胜困难。

稻盛和夫把在未知领域的科研和技术创新看成是没有导航设备的船只航行于漆黑的大海之中。船只航行在漆黑的海面上，要想顺利地到达目的地，就一定要具有对目的地强有力的意志力，在这种意志力的影响下，才不会畏惧黑暗，才能平安到达终点。

4. 以百米赛的速度带领企业向前冲

“付出不亚于任何人的努力”是稻盛和夫的口头禅。他在

《干法》一书中这样写道：努力的重要性人尽皆知。如果我问："你努力了吗？"几乎所有的人都会回答："是的，我尽了自己最大的努力。"

但是，仅仅付出同普通人一样的努力，是很难取得成功的。不管这样的努力持续多久，这不过是做了理所当然的事情。只有付出非同寻常的"不亚于任何人的努力"，才有可能在激烈的竞争中取得骄人的成绩。这个"不亚于任何人的努力"极为重要。

希望在工作中成就某种目标，就必须持续地付出这种无限度的努力。不肯付出加倍于人的努力，而想取得很大的成功，并维持之，那是绝对不可能的。

稻盛和夫认为，所谓"不亚于任何人的努力"，不是说"做到这种程度就行了"，而是没有终点、永无止境的努力。将目标一次接一次向前推进，就要进行持续的、无限度的努力。

他曾说过下面这样一段话：

企业经营，就好比连续奔跑42.195公里的马拉松比赛。我们就是至今未经训练的业余团队，而且在这样的长距离赛跑中，我们起跑已经比别人晚了一步。在这种情况下，如果我们还想参加比赛，那么，我想我们只有用百米赛的速度奔跑才行。有人认为这样硬拼，身体肯定吃不消。但是，我们起跑已迟，又没有比赛的经验，若想取胜，非这么做不可。如果做不到这一点，我们一开始就不应该参加这场比赛。

用百米赛的速度跑马拉松，大家都认为、都担心中途会有人落伍。但是，一旦跑起来以后，全力奔走就成了我们的习惯。用最快的速度奔跑，我们居然真的坚持到了今天。

而且在比赛过程中，我们看到，那些先行起跑的团队速度并不太快。现在最领先的团队已进入我们的视野，说明我们已经离第一越来越近了，让我们继续加速，全力疾驰，超越他们！

这种以短跑的速度进行长跑比赛的无限度的努力，就叫做“不亚于任何人的努力”。

在稻盛和夫看来，人生要时刻保持百米赛跑的速度和向前冲的精神，只有这样才不会被落下。因为在这个繁乱的社会中，很多人如同运动员一样都在起跑线上等待着裁判的哨子响起。当哨声响起时，他们便会奋不顾身地往前冲，希望第一个到达终点，以获取成功，而那些跑在后面的人自然也就成了失败者。

快速奔跑的重要性众人皆知，但如果问他们：“你真的努力向前冲了吗？”相信大多数人都会说：“当然了，我尽力往前冲了，没看到我已经累得气喘吁吁了吗？”

也许是因为每个人体能的差异性才出现了跑得快慢的情况，但是，在奔跑的过程中如果没有真正做到努力向前冲，那么是不可能取得比赛第一名的。

而对于一个人来说，如果想要持续地获得成功，那么就必须在人生发展的道路上不断向前冲，而且速度不能慢下来，因为一旦慢下来别人就有可能超过你。

在现实生活中有两种人：一种人在最初奋斗的过程中信心满满地站在百米线上，并以惊人的速度努力往前冲，而且最终他们跑在了最前面。因此，可能有人称他们为成功者。其实不然，他们虽然收获了短暂的成功，但是在接下来的比赛中，他们却并没有继续以百米赛跑的速度和精神往前冲，而是养成了安于现状、贪图享受、不思进取的坏习惯，他们认为自己已经取得过成功，就不需要再去努力奔跑了，渐渐地，他们就失去了向前冲的精神和体力。这不仅会使他们丧失掉此前取得的成功，还会使他们的未来充满了变数。另外一种人却与之截然相反，当他们跑在最前面时，他们会时刻提醒自己要坚持跑下去，不能被眼前的成功迷惑住，要知道长久的成功才是真正意义上的成功。于是在接下来的发展中，他们不敢有半点松懈，而是像此前一样以百米赛跑的速度继续全速向前冲，不让后来的人超过他们，最终，他们稳坐在了第一的位置上。

由此可以看出，一直保持百米赛跑的速度和向前冲的精神是难能可贵的，这不仅需要一定的耐力，更需要有坚定的意志力。而稻盛和夫在企业经营中总是保持这样快的奔跑速度，他认为，企业发展如果只被一时的成功挡住双眼而不继续向前发展的话，那么最终注定会被其他企业超越。

从目前的国际大环境来看，那些生存能力强、实力雄厚的大企业都是通过不断以百米赛跑的速度和向前冲的精神取得持续发展和成功的。相反，那些实力弱、发展缓慢的企业缺少的就是不断向前冲的精神，为此该类企业的发展就出现了不同的状况。

稻盛和夫在成功创立京瓷公司后，由于他经营有方，出现了源源不断的订单，于是有人对他说：“稻盛先生，贵公司的订单越来越多，公司规模也越来越大，你可谓是个成功人士了，为何不把产业交给其他人，自己享享清福啊？”对此，稻盛和夫只是笑了笑，他这样说道：“真如你所说的那样，京瓷公司从创立至今确实发展得非常迅猛，这也大大出乎我的预料，贫苦家庭出身的我本可以有资格去度假、去享受的，但是从长远来看，这还为时过早，在我看来，成功的感觉确实令人心动，但此时万不可以松懈下来。因为一旦松懈并停下奔跑的脚步，很有可能被对手反超，这样此前获得的成功也会瞬间消失。所以，我会一直以百米赛跑的速度和精神坚持跑下去，这样才是京瓷公司发展的长久之计。”

在京瓷公司后续的发展中，稻盛和夫并没有满足于目前取得的成绩，而是不断通过技术创新研发出各种绝缘陶瓷产品，最终使京瓷跻身于世界500强企业的行列之内。

事后，稻盛和夫才知道此前劝他享清福的人是另外一家绝缘陶瓷公司派来说服他的说客。试想，如果稻盛和夫在说客的劝说下真的放手京瓷公司，并满足于京瓷取得的成功，自身去享清福的话，还会看到京瓷此后取得如此大的成功吗？如果真这样的话，京瓷就会落入到说客精心设计的“圈套”中。如此一来，当今的巨大成功就有点悬了。稻盛和夫用其睿智的经营理念理性地对待成功，并继续奔跑在努力向前冲的道路上。

从他的这种不放弃快速向前冲的精神中，人们或许能领悟到人生发展中所必备的这种奋斗精神。相信在稻盛和夫的这种经营哲学的影响下，会有越来越多的人领悟到其中的真谛，并加入到快速向前奔跑的行列中。

5. 经营者的意志可以激发员工积极性

在企业发展中，稻盛和夫有自己的心得体会。在他看来，企业经营得好不仅需要企业管理者拥有过人的智慧，关键还要看管理者能否用坚强的意志带领企业发展下去。而从稻盛和夫实际的经营中可以看出，坚强的意志是其经营企业走向辉煌的关键因素之一。

企业在实际的经营过程中，由于市场竞争的残酷性，企业想要长久地生存下去，其管理者就必须要具有果断的意志，这样才能带领企业更好更快地发展下去。那些有成就的企业管理者在推行一项新业务时，会站在市场的角度仔细考量，如果发现该业务存在很大的发展前景，就会果断地下定推行的决心，并以坚强的意志将新业务执行到底。最终这种坚强的意志往往会感染企业的每一位员工，从而激发出这些员工工作的积极性。而员工在明确工作目标以后在积极性的促使下工作也会全力以赴，使新业务顺利展开，从而使企业发展的势头非常强劲。“经营依赖于经营者水滴石穿般的坚强意志”。稻盛和夫认为，所谓经营就是对经营者意志的考验，一旦将目标确定下来，不管发生怎样的情况，目标就一定要实现，这种坚强意志对于经营有着不可估量的作用。

然而很多经营者看到目标太遥远时，就会给自己寻找借口，或是对目标进行重新修正，甚至会取消目标，经营者这种意志不坚定的态度不但无法实现目标，在一定程度上还会打击员工们的士气。对这件事的深刻体验是在京瓷股票上市以后，股票一旦上市，就一定要对公司下一期业绩报表进行发表，预报下一期的业绩，对股东作出承诺。然而在日本，一些日本经营者经常以经济环境变化为借口，毫无顾忌地将预报数字向下进行调整。

可是在一样的经营环境下，有的经营者却能出色将目标实现。现在的时代变化迅速而且变动频繁，经营者假如没有不达目的誓不罢休的意志，履行承诺的坚定意志，经营将很难继续下去。经常调整战略目标的经营者，对经营的结果一定很不妙，因为即使对目标进行了调整，在遭遇新的环境的时候，就不得不再次进行调整，这样经常下去，很有可能就会失去投资者，员工也不会对他太过信赖，因此，一旦确定下目标，就需要有坚强的意志，将其贯彻到底。

还有一个方面，虽然说目标依赖于经营者的意志，但同时也需要员工的共鸣。刚开始的时候，经营者必须具备坚定的意志，但随后就应该将这种意志和精神传递给员工，他们从内心深处发出“让我们共同努力吧”的呼声。

换言之，确定的目标既要符合经营者，也应该符合员工们的共同意志，员工一般不会提出太高的目标，因此必须由经营者下决定。但是这样的目标需要员工的全体响应，这就是经营者将自己的意志转变为员工的意志。要做到这一点并不困难，比如跟员工进行一些振作精神的谈话："咱们公司虽然规模不大，但是是很有前途的，将来一定会获得巨大的发展，希望全体同仁能一起奋斗。"然后在举办宴会的时候，可以趁此机会表达自己的想法："我希望今年能将营业额翻一番。"让身边的下属附合自己的想法："社长，说得对，咱们一定努力实现这个目标。"于是，那些脑子好使、办事利索的人就会很难开口，否则一提高目标他们就会没有底气："社长，这恐怕办不到吧，因为……"以这样的方式确定下目标，就不会有人再公然提出反对意见，他们会在不知不觉中附和了你的意见，而高目标往往就会成为全体员工一起奋斗的方向，经营也需要运用心理学。

稻盛和夫认为一定要给企业设定一个更高的目标，然后奔着这个高目标向前努力。当然，目标如果过高的话，可能几年之内都实现不了，于是高目标自然而然地也就成了水中月、镜中花，这样一来，就注定会使员工们失望。

然而，还是应该适当地将目标提高一下，不然的话，就激发不出员工的士气，公司会没有活力。

京瓷才初具规模的时候，稻盛和夫还运用过一些小的案例：如果能达到10亿元的目标，就一同去香港旅游，如果完不成的话就没有这次旅行的机会了。结果，大家齐心协力，出色地完成了任务，京瓷所有的工作人员都去了香港旅游，这就在不知不觉中增强了员工们之间的凝聚力。在提出高目标的同时不是简单下命令，还要千方百计地鼓励员工，共同去实现它。

手腕并不是最重要的，不管怎么样必须要达到目标，经营者要想方设法地将自己的意见传递给员工。经营者要紧紧抓住一切机会，将自己的意见直率地传递给员工。

有一年年底，稻盛和夫忽然得了感冒，发高烧，却依然连续50多次参加所有部门的辞旧迎新晚会，在会上他不遗余力地表达自己对明年事业的展望和构想，希望能够获得全体员工的理解和支持。这样，努力将自己的构想和盘托出地告诉员工，稻盛和夫尽自己最大的努力，将经营目标同员工一起分享，鼓励员工的热情，向着经营目标去奋斗，企业的成长发展将会是迅猛而快速的。

6. 只有努力才能看到光明

创业的初步阶段，京瓷所经营的陶瓷产品价格都不是很高。比如京瓷创业刚开始的时候，公司生产u字型绝缘体，这种绝缘体作为电视的显像管的精密陶瓷零件，在当时的日本只有京瓷才能生产，它的单件产品价格才9日元，所以这也表明了当时京瓷创业时的艰辛。

而残酷的是，京瓷主打的电子零部件产品，每年都在大幅降价，跌幅一成或两成还是可以接受的，但是遇到经济萧条的时候，为了跟同行之间竞争，就会降低三四成，甚至更大幅度地降低。

因此，五六年以后，有些产品的价格甚至不到以前的1/10。也就是说，即使处于单价低、年年降价的困难处境当中，京瓷依旧自创立以后，经过半个多世纪，孜孜不倦地不断将营业额扩大。不但实现了高达1万亿日元的营业额，而且直到今天仍旧保持着这种成长性。

京瓷经营中的赢利情况非常值得人们称道。京瓷从来没有出现过决算亏损。在创业以来半个多世纪的历史长河中，在规模超1万亿日元的巨型企业中，这是一个很罕见的现象。

京瓷不但从来没有出现过亏损的现象，而且京瓷的赢利一直保持了两位数以上。也就是说，自公司创立以来，在50多年的时间里，不仅营业额持续增长，而且利润率一直非常高。

在这个过程中，汇率经过大幅地变动。从1美元兑换360日元的时代，忽然变成只可以兑换80日元。因为京瓷积极拓展美国等海外市场，出口比率非常的高，汇率变动对京瓷经营造成的冲击非常大，尽管如此，京瓷仍然保持了很高的利润率。

稻盛和夫认为，这正是凭借京瓷员工坚强的意志而实现的。正由于稻盛和夫有这种经营经历，所以每当听到不能赢利之类的话，稻盛先生就会认为这个人意志很薄弱，缺乏斗志。

下面就有这样一个发生在京瓷的案例。

在京瓷公司创建接近十年的时候，京瓷公司突然接到了来自电脑巨头IBM公司的一份订单。IBM委托京瓷公司生产一批精密的陶瓷配件。虽然接到订单后整个公司都非常兴奋，同时也加足了干劲儿，但是IBM对产品性能的要求却极为苛刻，可京瓷公司并没有因此而被吓退，而是通过科研人员的努力生产出了陶瓷配件的样品，可当把样品交给IBM公司时却总是被退回，并在产品上印有“NG”标识。

为了能与IBM做成这笔订单，京瓷公司大批的科研人员都参与了产品的设计与研发。尽管这些科研人员投入了大量的心血，并且还投入了大笔的科研经费，但最终还是被IBM退了回来。可以说，这种挫败感令京瓷公司的很多人难以接受。而且在此期间公司到处弥漫着无可奈何的气氛。上至公司管理层，下到科研和生产一线的员工抱怨最多的便是：“已经付出了100%的努力，实在是没有其他办法了。”

稻盛和夫也知道员工的这些抱怨，于是一天夜里，他来到了生产车间，看到一些神色迷茫的科研人员在角落里唉声叹气。当稻盛和夫走近他们的时候才听到他们在为研发不出合格的产品而苦恼。

于是，稻盛和夫对他们说道：“不要苦恼，困难总是能够解决的。”但此时这些科研人员似乎并没有听到他说的话。

“对付困难最有效的方法也许就是坚持不懈。”听到此话后，这些科研人员不由得转过身来寻找声音的来源，当他们看到一脸平和的稻盛和夫站在不远处望着他们时，隐藏在他们内心最深处的斗志仿佛被激发了出来，于是他们齐声说道："坚持不懈才是解决困难最有效的方法！"

在此后的工作中，这些科研人员以更加饱满的工作热情投入到了紧张的科研中去，并发扬出不怕吃苦的精神。虽然在科研过程中还是接连出现失败，但这却并没有影响到他们研发产品成功的决心和勇气——此时，他们想到更多的是要坚持不懈地将产品研发成功。最终，科研人员终于在坚持不懈的努力下研发出了令IBM满意的产品，也因此得到了IBM的高度认可。

在经营中，有时会遇到强大的竞争对手，有时会跟客户产生严重的纠纷，有时需要挑战一个新的高目标，在这种局面下，我们就一定要穿越"炼狱场"。遭遇这种困局的时候，经营者不免产生害怕的心理。

克服困难就需要有顽强的意志和毅力，要有那种坚忍不拔、坚持战斗的内在品质。

稻盛和夫燃烧起"斗魂"，大概是在大学以后的第一份工作，进入松风工业工作，研究开发精密陶瓷材料的时候。

当时的陶瓷行业都被许多大型企业所垄断，比如名古屋有日本电瓷瓶公司和日本特殊陶业公司，东京有日本块滑石等公司。稻盛和夫当时还只是一名新员工，在一次聚会中，松风工业的高层们聚集到一起，就开始谈论和赞美日本电瓷瓶公司的强大和高超的技术。

不管是价格还是质量，松风工业都无法跟日本电瓷瓶公司相抗衡。但是战斗尚未开始，就缴械投降，就像是一只斗败的狗。作为初来乍到的一名新员工，稻盛和夫在这样的企业开始工作，前后在职差不多4年时间，他自始至终都抱着一种永不服输的心态。

稻盛和夫离开松风工业以后，创办了京瓷，在市场上面对的竞争对手，就是日本电瓷瓶公司，另外还有日本特殊陶业公司。大家都觉得，连老牌企业松风工业都不是它们的对手，那没有任何根基的京瓷当然是更不值一提了。可是稻盛和夫却从来没有这样想过。

他将日本电瓷瓶和日本特殊陶业作为提升自己实力的对手，激发出他的斗志，拼命地争取订单，热情饱满地投入到了战斗之中。

在创业初期，稻盛和夫利用种种机会鼓励京瓷员工们说："我们的野心和目标会一步步地扩大，我们将来还要成为中京区第一、京都第一、日本第一，最终我们要成为世界第一！"这番话并不只是单纯地鼓励他们。这是作为一个经营者必须应该具备的雄心抱负，在那些声名在外、实力雄厚的大企业面前，这句话表达了稻盛和夫"绝不认输"的态度。稻盛和夫就用这话来激励自己和员工，督促京瓷的全体同仁们全力投入到工作当中。

就这样，公司上下一心，团结一致，激发出无限的潜能，投身于事业活动当中，结果京瓷公司果然超越了任何一家日本的陶瓷企业，在陶瓷生产领域，成为名副其实的世界第一。

后来，稻盛和夫创办了第二电电。当时通信领域正在向自由化方向发展，NTT也开始向民营化发展，但是由于先行起步的NTT实力太过雄厚，垄断了一些资源，日本的大型企业都不敢与之抗衡，没有任何一家企业敢涉足通信领域。

当时的日本报纸上经常刊登一些文章，希望能早日出现新电电企业，能够与NTT抗衡，但是由于自明治时期以来，NTT所拥有的资产和技术都是最有优势的，几乎没有企业敢与之争锋，日本的大型企业都也不敢吱声，这时，稻盛和夫在京都率先发表声明：京瓷要在通信领域跟NTT一较高下，这个声明震动了日本全国，舆论评论对京瓷非常不利，都认为这不是京瓷能够做到的，京瓷必败。然而，这却激起了稻盛和夫的昂扬斗志，他就是要向NTT发起挑战。

而如今，第二电电经过重组变为KDDI，达到了3.4万亿日元的营业额，利润高达4400亿日元，已经成长为日本第二大通信企业。

第四章

共同经营
——经营不能靠经营者单枪匹马

企业经营不能靠经营者单枪匹马，必须与员工们共同努力。一个人能做的事很有限，需要许多志同道合的人团结一致、脚踏实地、持续努力，才能成就伟大的事业。

——稻盛和夫

1. 命运相吸，歃血为盟

1959年4月，以27岁的稻盛和夫为核心，一家从事电子工业用陶瓷材料生产的公司在日本京都诞生，资本金300万日元，员工28名。这家公司就是京瓷公司。现今，京瓷公司早已成为无处不在的世界级企业——它的产品系包括电子工业陶瓷、产业机械陶瓷、电子机器（通信机器、瘀公机器、音响设备）、照相器材、医疗器械，甚至还有人造骨、人造牙根、人造宝石等。

京瓷公司并非是在庞大技术队伍的支持下、开发出一个又一个划时代产品的英雄传说式的过程中成长起来的，稻盛和夫和夫说："京瓷公司是一步一个脚印走过的，是一条全体员工同心同德、诚实为本的路"。

稻盛和夫先生说："京瓷刚刚成立的时候他们好像化缘一样走街串巷四处询问，'请问有没有什么工作？''用这种方式拿来的工作，全是同行做不了放弃掉的。'就这样，他带领同事们去争取业务。稻盛和夫先生和他的同事们别无选择。除了没有客户，京瓷还没有资金，没有好设备——这些都只能靠心血来弥补。'一旦接到限时一天的工作，我们全体同心协力，将24个小时的分分秒秒都利用起来。'"

稻盛和夫先生曾说："直到现在，在京瓷干到晚上10点，也没有人会自视为‘加班’——为了赶工期，全厂干到晚上12点的事情是常常发生的。如果说日本人是以‘工作狂’著称全世界的话，京瓷就是以‘工作狂’著称全日本的。”

在京瓷公司一个实行两班倒工作制的车间，每天一清早，当下了夜班的工人走出厂门的时候，车间主任总是站在门口，挨个对每一个工人说：“辛苦了”“辛苦了”。而这个主任自己，却是每天从清早干到晚上11点——第二天一早，他又会这样站到厂门口来。

京瓷的战斗力，来自于它的数万员工，他们都把企业视为一个“命运共同体”。事实上，在稻盛和夫先生的经营实践中，他最关心的课题就是这个“命运共同体”。

在企业的利润分配上，稻盛和夫先生提出的是“三分”主张——税前毛利，要按国家税金、企业积累、员工收入这三个部分来分配。

日本企业的一大特色，是“定期增薪”。而增薪的幅度，则由每年三四月份工会与资方的交涉——“春季斗争”来决定。但在京瓷，这样的劳资交涉却没有必要，因为京瓷每年定期增薪的幅度，都要高于一般“春季斗争”劳方所要求的水平。

而另一项更具意义的制度，则是“员工股份所有”——京瓷鼓励员工们购买公司的股票。有时候，京瓷还把本公司的股票，奖励给生产中的“功劳者”，或代替临时奖金发给全体员工。

要建设的既然是“命运共同体”，物质手段自然就不能全其功。稻盛和夫先生经常告诫员工：“要珍惜自己只有一次的人生，绝不虚度一日，认真地生活。”

“如果没有我们生产的陶瓷零件，光凭管的生产就难以进行。我们要努力开发新的产品，为社会的发展做一份贡献。”稻盛和夫先生说，“大家都始终听得非常认真。”

曾经在决定创立京瓷的那天，稻盛和夫先生就提议创业者们“歃血为盟”，他们写下誓言，割破自己的小拇指，先后在誓词上按下血指印。当时的誓词是：“我们并非为私利、私欲歃血为盟。虽然我们没有能力，但愿意团结一致为社会、为他人作贡献，同志聚集于此，歃血为盟。”这些人后来都成为京瓷的管理干部，他们也都成为稻盛和夫先生的精神的传递者。

1939年纽约世界博览会的“IBM日”中，老沃森组织了3万人去参加庆典活动。IBM职员乘坐老沃森为他们包下的10列火车浩浩荡荡地从恩地科特工厂驶向纽约。一路上职员们欢声笑语，手舞足蹈，好不快活！然而，当天晚上悲剧发生了，一列满载IBM员工家属的火车在纽约地区撞上了另一列火车的尾部，不知有多少人伤亡！此时正是深夜两点，四周一片黑暗。老沃森接到电话，二话没说，一骨碌从床上爬起来，带着他的女儿坐上汽车就向出事地点奔去。火车上的1500人里有400人受伤，有些人还伤得很严重。还好，没人死亡。此时，天已大亮，老沃森和女儿一整天都留在医院里，与人们谈话，并确保伤员们得到最好的医疗护理。老沃森又打电话向纽约总部发出指示，总部的头头们立即忙碌起来。

一些医生和护士源源不断地来到出事地点，一列新安装好的火车把那些没有受伤的人以及受了点轻伤但不妨碍继续乘车的人接往纽约。当他们到达纽约时，IBM已把纽约人旅馆改造成一座设施齐全的野战医院。老沃森直到第二天深夜才返回曼哈顿，回去后的第一件事就是命令部下为受伤者的家庭送鲜花。许多花店的管理者在深夜被从被窝里叫出来，为的是第二天一早把鲜花送到伤员的病房里。

老沃森处理事故的做法中处处透着对员工的关爱，人们从这些关爱中感受到了温暖和战胜悲剧的力量。这件事后人们会变得更团结，更加以IBM为荣。假如，老沃森没有出现或没有及时出现在事故现场，事情又会朝着怎样的方向发展呢？显然不会处理得这样圆满，甚至会激发矛盾。

古人云“士为知己者死，女为悦己者容”，“感人心者，莫过于情”。有时管理者一句亲切的问候，一番安慰话语，都可成为激励下属行为的动力。因此，现代管理者不仅要注意以理服人，更要强调以情感人。感情因素对人的工作积极性影响之巨大。它之所以具有如此能量，正是由于它击中了人们普遍存在着“吃软不吃硬”的心理特点。我们的管理者也应当灵活地运用，通过感情的力量去鼓舞、激励员工。

20世纪20年代末，由于全世界经济不景气，曾经畅销一时的松下国际牌自行车灯，销售量也开始走下坡路。此时操纵公司命脉的松下幸之助，却因为患了肺结核就医疗养，当他在病榻上听到公司的主管们决定将二百名员工裁减一半时，他强烈表示反对，并促请总监事传达他的意见，“我们的产品销售不佳，所以不能继续提高产量，因此希望员工们只工作半天，但工资仍按一天计算。同时，希望员工们利用下午空闲的时间出去推销产品，哪怕只卖出一两盏也好。今后无论遇到何种情况，公司都不会裁员，这是松下公司对员工们的保证。”受到裁员压力困扰的员工们听及此，都感到十分欣慰。如此，松下幸之助凭着坚强的意志和敏锐的决断力，用真挚的情感来打动部属，挽救了松下电器。从这一天起，众多的员工们积极地遵照他的命令行事，到翌年二月，原本堆积如山的车灯便销售一空，甚且还需加班生产才能满足客户的需求。至此，松下电器终于突破逆境，走出阴霾。

信心和热情是人类一切事业成功的关键，这一点对于销售工作尤为重要。作为管理者，如何从根本上消除员工的悲观失望情绪，树立他们的信心，激发他们的工作热情，是企业能否走上成功的命脉所在。态度决定一切，积极自信的人会迸发出惊人的创造热忱和工作热情，完成不可完成之事。

通过加强与员工的感情沟通，让员工了解你对他们的关怀，并通过一些具体事例表现出来，可以让员工体会到领导的关心、企业的温暖，从而激发出主人翁责任感和爱厂如家的精神。中国有一句俗话：“受人滴水之恩，当以涌泉相报”。对于绝大多数人来说，投桃报李是人之常情，而管理者对下级、群众的感情投入，他们的回报就更强烈、更深沉、更长久。这种靠感情维系起来的关系与其他以物质刺激为手段所达到的效果不同，它往往能够成为一种深入人心的力量，更具凝聚力和稳定性，能够在更大程度上承受住压力与考验。

用情感来激励员工，不只可以调节员工的认知方向，调动员工的行为，而且当人们的情感有了更多一致时，即人们有了共同的心理体验和表达方式时，集体凝聚力、向心力即成为不可抗拒的精神力量，维护集体的责任感，甚至是使命感也就成了每个员工的自觉立场。

自古以来，那些战功显赫的将军们，无不是爱兵如子的人。现代的企业管理者若想创出辉煌业绩，赢得员工的拥护，就要真心地关爱员工，帮助员工。如果你能在严肃中充满对员工的爱，真心地替员工着想，那么他们也自然会替你着想，维护你、拥戴你的。

“人心齐，泰山移”，员工的忠诚和积极性是企业生存和发展的关键，是凝聚整个企业的黏合剂。所以企业管理者要懂得关心每一个员工，从而营造出融洽的家庭氛围，增强员工对公司的归属感。公司经营良好时便大量雇人，不景气时又大量裁员，这其实是一种不负责任的做法。这样做不仅不利于人才的培养，不利于公司长远发展，也是对人才的不尊重，当然更无法有效地留住人才。

2. 上下齐心是凝聚力的源泉

企业在面临困境的时候，其实力受到了严峻的考验，与此同时，人际关系也会受到严峻的考验。

公司内部是否已经建立了同甘共苦的人际关系？是否已经形成了上下一心的企业风气？就这个意义上而言，萧条并不意味着灾难，而是对企业良好人际关系进行调整和再建的绝佳机会，应趁这个机会努力营造更良好的企业风气。

稻盛和夫一贯强调："经营中小企业面临的最重要的问题，就是经营者和员工之间的关系问题。经营者要照顾到员工的切身利益，对于经营者的一些决策，员工也应该给予理解和支持，互相帮助，互相扶持，紧密建立经营伙伴的关系，企业中只有形成这样的上下齐心的风气，那么它才会成为优秀的企业。"

作为一名企业的经营者，在管理企业的时候，经常会遇到各种复杂的情况。经营者总是希望人才越多越好，然而有些人才虽然有很强的能力，但是却存在一个致命的缺陷，就是不能跟公司同心协力、团结一致。对一个企业而言，团队精神必不可少，如果企业像一盘散沙一样，是难以取得长久发展的。因此，如果有些人才不能跟公司团结一心，则应该立即调动他们的岗位，甚至辞退他们，即便是立过战功的元老也不能例外。因为这种员工不管是在工作态度，还是在行为上，都会给企业造成损失，甚至还会给其他员工带来不良影响。

1963年，贸易专家上西阿沙来到了京瓷，这使稻盛和夫在海外开拓市场终于有了得力助手。但是，得力助手不省油，这两个人的个性是截然相反的，由于各种各样的原因，两人一再发生冲突和碰撞。

1964年，稻盛带着上西途经香港，飞赴欧美国家。当外国人看到京瓷的样品时，所有人都为精湛的工艺和高超的技术赞赏不已，但始终没有客户来跟京瓷签约。稻盛有些着急了，于是他从电话本上选出一些有关的弱电公司，开始实施日本特有的营销方式——“突入式直销”。于是，上西与稻盛之间的摩擦，在这次欧美之行中越来越大。

在欧美国家，如果没有事先约定，就拜访别人，最终的结果只会被拒之门外。稻盛对每家公司进行“突击”营销，虽然没有被拒之门外，但是仍然没人愿意跟京瓷合作。稻盛回到旅馆中，懊恼心酸到流出了眼泪，对远在日本的京瓷员工充满了愧疚之情。稻盛和夫很少显示出他脆弱的一面，看着稻盛的泪水，上西一时间不知所措，但他马上冷静下来，目光盯着稻盛说了句：“补补课吧！”

1965年，稻盛和上西又一次飞赴美国。前两次的访美，为他们这次美国之行已经作了铺垫，这次从德州仪器公司接受了一笔电阻器零件的订单。然而中间发生的一件事，却使得稻盛和上西之间的冲突白热化了。

京瓷试图将产品打入摩托罗拉市场，邀请了几位客户和代理商讨论一下战略。这些人中有位意大利人叫约翰·西艾诺。一落座，约翰·西艾诺就信誓旦旦地道："我对打进摩托罗拉有绝对的把握和信心，这事就包在我身上了！"其他人都被西艾诺慷慨激昂的演讲所吸引，一个个都将打入摩托罗拉的事务推到了西艾诺的身上。可是稻盛和夫对这个意大利人根本就不信任，认为这人说话是不靠谱的。

根据美国的代理习惯，在这个地区的所有业务都应该只由他一个人负责。之前像三菱汽车、索尼等进军美国的日本公司，都曾经在美国的代理商制度下吃了大亏。一旦代理商将视线转移到其他品牌上，自己的产品立刻就会滞销。而一旦签约，就不能再跟其他代理商进行合作，即使有客户找上门来，也不能擅自卖出。

"真的能成功吗？你打算怎么做？你认为如何才能打进他们的市场？"

稻盛和夫的直觉是，如果听信了西艾诺的话，势必就会铸成大错。因此他接连不断地向西艾诺发问。而上西却觉得稻盛"连珠炮"式的发问对别人很失礼，因此拒绝翻译。

稻盛终于忍耐不住了，他怒吼道："你究竟是谁的助手？是谁的翻译？！你知不知道跟这种家伙一旦合作了，会给公司带来多大的损失？从今以后，我不再需要你帮忙！"

稻盛觉得，技术推销最重要的是将自己的真诚和专业呈现给客户，应该让对方打心眼里喜欢和接受自己的产品。

将跟摩托罗拉这种大公司商谈的事务全权委托给一个门外汉——西艾诺，他就一定会靠巧言令色的交际手腕去推销产品，这样怎么能做到真诚和专业呢?

一回到日本上西就被解聘了。

几天后，一位年迈体衰的老人，蹲在稻盛家门口一动不动。原来他是上西的老丈人春造。老人不停地代上西给稻盛和夫道歉，并恳求稻盛再给上西一次机会，让他重回到京瓷。春造老人说得非常恳切，况且不顾年迈来给女婿求情。稻盛碍于老人的情面，于是就答应了。

第二天，上西对稻盛道："现在我知道悔悟了，希望仍然能为公司再尽一份力。"

但稻盛似乎并不满足于他的道歉。他想方设法将上西的思维方式扭转过来。稻盛将上西对生活和工作的态度，以及他思考问题的方式等都提了出来，对上西与他思维方式的根本区别进行了具体详尽的分析。一个人若是有太多的框框，而每个框框都金贵无比，那么最终的结果总是绕着事物表层转。两个不同性格的人"向量相反"。如果从"向量相反"转变成"向量相合"，就需要重新确立正确的思维方式。京瓷公司的全体员工都有一种根本性的思维方式，那就是用纯粹的眼光去看待人和物。倘若上西不将自己的思维方式调整过来，那就不仅仅是处不好关系，也影响生命的价值和人生幸福。

稻盛敞开心扉，把自己内心的想法对上西和盘托出，最终使两个人的思想和理念趋于一致。

“你居然为我考虑得这么细致！”上西的泪水忽然间夺眶而出。在他的一生中，还从未有人能将他做人做事的误区，一下子给剖析得如此明白。

为了让全体员工齐心协力、为公司贡献更大的力量，为了让大家了解自己，稻盛做了很多这样的说服工作。稻盛和夫认为，这是一项使人得到锤炼和重新塑造人的工程，这也成为他创办公司的一个很重要的目标。

有的人对稻盛和夫的思维能够很快地接受和理解，并且迅速成长；有的人则要经过稻盛和夫一次次交谈，最终使其茅塞顿开；也有些人无论如何都坚持自己的想法，这个时候，稻盛先生就会经过深思熟虑的斟酌，看他对整个公司氛围造成的影响，如果实在无法融入公司，那就只好将其辞退了。

人是不可以勉强的。倘若不能使对方与自己团结一心，那就毫不留情地予以辞退。即使再优秀的人，假如不能齐心协力，其巨大能量不但得不到发挥，发挥了还可能给公司造成致命的伤害。从公司全局出发，这样的“高能量”应该毫不犹豫地铲除掉。

3. 团结就是力量

稻盛和夫先生说，大家都是生而自由的独立个体，有各自的想法。理想的组织应该是充满和谐气氛的，其中的每个人都真诚地追求自己的目标，不为教条或命运所局限。因此，这样的想法过于理想化，但大家只有做到目标相互一致，“在社会团体中存在不同的声音，可以代表一种朝气蓬勃的现象”。但对企业来说，也就是对一个有特定人物的组织而言，所有的成员必须要有相同的基本价值观。他说：“如果只是爱好相同的小组，那么只要畅所欲言，充分发挥个性就行了。但如果是个有目的的集体，就必须拥有共同的价值观，这样才能团结一致地为达到目的而奋斗”。

这样，组织者首先就要积极主动地工作，并影响推动其他的人，这样一来，周围的人自然而然会前来协助你。也就是稻盛和夫先生所说的：“很多人聚集在一起的时候，最理想的关系就是心心相通。相互尊重的同事聚在一起是一件值得庆幸的事，在这样的集体中，大家为了同伴，再辛苦也是值得的。我很讨厌在彼此不信任的氛围中工作。”

因此，稻盛和夫先生要求部下要像自己一样坦诚、认真。在招收新职工时，首先向他们阐述自己的人生观、事业观等，并强调“我录取新职工的标准不是能力，而是看他是否理解贫苦人的心情，对别人的辛酸是否无动于衷，看他是否具有极力克制私欲的人生观，是不是一个坦率的人、老实的人”。其意在寻找与自己有着共同目标、有着要共同为公司发展努力的人。只有有共同的志向，才会有共同前进的力量。

稻盛和夫先生时刻强调“命运共同体”，以加强员工的凝聚力。他说经营者要爱护员工，员工也要体谅经营者，互相帮助，互相扶持，共同谋求企业的共同发展。

在经济萧条时期，很多大企业开始辞退派遣工，把派遣工从公司宿舍里赶出去。当时稻盛和夫听到派遣工们说：“总得让我们平安地迎来新年吧，从宿舍被赶出来之后，我们只能流落街头。”稻盛和夫先生说近代的资本主义，总拿人工费说事，把雇佣归入人工费这一经营项目，甚至把人当物处理。一旦遭遇不景气，没有别的办法，为了减少经费，首先就是解雇员工。

而这种情况在经济萧条时期尤为明显。稻盛和夫先生说，在石油危机出现时，京瓷以企业持续发展出发，决定公司领导层全部降薪，而以往公司在第二年即是每年的基薪上调时间。但京瓷工会还是接受了稻盛和夫先生冻结加薪的申请，没有加薪，而是将钱用于公司运转。当时其他公司因为加薪问题持续出现劳动争议，而京瓷由于处理得当，并没有出现员工罢工等事情，每个人依旧努力工作，为着公司能尽快恢复良性发展夜以继日奋斗着。

稻盛和夫先生说："大家以同样的价值体系来做事，认同公司生存的基本哲学及其成功之道，在群力群策的同时，也使个人有最大的自由去发挥才能。"后来随着经济的复苏，企业业绩回暖后，他将定期奖金大幅提高，而且再支付临时奖金，并在之上支付了员工在当时冻结了两年的加薪，以此报答当时员工及工会对他的信任。这其实也是因为员工与稻盛和夫先生一样有着为公司的发展尽一份力的力量存在，否则也不会发展的如此之快，他说："我一直希望和同事们结成这样一种关系：就算再辛苦大家也可以相互合作，一起努力工作，而不想同大家仅仅靠雇佣关系冷冰冰地维系在一起。"

正因为如此，稻盛和夫先生说："企业经营不能靠经营者单枪匹马，必须与员工们共同努力。一个人能做的事很有限，需要许多志同道合的人团结一致、脚踏实地、持续努力，才能成就伟大的事业。"为了让员工拥有与自己一致的想法，稻盛和夫先生利用各种场合与他们交流沟通，努力构建一个有共同思想、有统一方向的团体，将全员的力量凝聚起来，做好每一天的工作。正因为造就了这样一个共同奋斗的团队，才有京瓷今天的成就。

在现代的企业中，团队的作用已得到越来越急切的重视。那么，现代企业中如何培养和建立团队精神呢？

（1）要提倡员工对企业的奉献精神和集体主义精神，人们生活的意义不仅体现为社会对个人的满足，而且更重要地体现为个人对他人、对社会的贡献。人们通过共同创造，促进社会发展，这就需要人们对社会的贡献。人的本质是潜在着的人的价值，人的价值是实现了的人的本质。对社会的奉献精神是我们每个人对社会应该采取的生活原则和生活态度，是培育企业价值观的重要方法，也是实现人的价值的途径。

（2）确立员工的主人翁地位，营造“家庭”氛围。在现代企业中要使每个员工树立企业即“家”的基本理念。“家”是社会最基本的文化概念。企业是“家”的放大体。在企业这个大家庭中，所有员工包括总裁在内，都是家族的一员。其中最高经营者可视为家长。在大家庭中，所有人都被一视同仁，蓝领工人和白领工人在待遇、晋升制度、工资制度、奖金制度、工作时间、在现场的穿着上都相同。所有员工都有参与管理、参与决策的权力。企业领导要特别重视“感情投资”，企业经理熟悉员工的情况，亲自参加员工家里的红白喜事，厂里经常组织运动会、联欢会、纳凉会、恳谈、野餐会和外出旅行等活动，也可邀请员工家属参加。这样可使企业洋溢着家庭的和谐气氛。工人以主人翁的态度和当家作主精神从事生产，对自己、对企业高度负责，自觉遵守厂规厂纪，按质、按量完成生产任务和工作任务。正是在这种充满激情和创性的员工活动中，企业的价值才得以确立，企业的经营目标才得以实现，企业才得以不断发展。

（3）以“和”为本，培养员工爱岗敬业和团结协作精神。在市场经济条件下，员工的命运和企业的兴衰是紧密联系在一起的。因此，企业应重视培养员工的爱岗敬业精神。员工有了爱岗敬业的精神，就会牢固树立“厂兴我荣，厂衰我耻”的理念，顾全大局，自觉地与企业同呼吸，共命运，荣辱与共，真正从内心里关心企业的成长和发展，并积极为企业的发展献计献策；员工就能够吃苦耐劳，脚踏实地，忠于职守，勤奋工作，尽最大努力做好本职工作，把自己的专业知识和能力全部贡献给企业；他们就会自觉地学习，刻苦钻研文化知识和专业知识，努力提高技术水平和业务素质，从而为企业做更大的贡献；此外，他们就会勇于开拓，不断创新，不断进取，不满足现状，不墨守成规，敢于走别人没走过的路，从而推动企业不断创新和不断发展。同时，企业要培养员工的团结协作精神。

俗话说，人心齐，泰山移，团结就是力量。企业领导要在企业内部营造一种开放坦诚的沟通气氛，使员工之间能够充分沟通意见，每个员工不仅能自由地发表个人的意见，还能倾听和接受其他员工的意见，通过相互沟通，消除隔阂，增进了解。在团体内部提倡心心相印、和睦相处、合作共事，反对彼此倾轧、内耗外报。但强调“以和为本”并非排斥竞争，而是强调内和外争，即“对内让而不争，对外争而不让。”一个小组团结如一人，与别的小组一争高低；一个车间团结如一人与别的车间一争高低；一个企业团结如一人，与别的企业一争高低。所谓竞争意识就是要提高一个集体的竞争能力。企业内部的“和”，也并非一团和气，失误不纠。要鼓励员工参与管理，勇于发表意见和提出批评。企业要采取各种激励措施，引导员工团结向上，增强凝聚力，使员工之间、员工和企业之间产生一体感，使得大家团结协作，同心同德，齐心协力，共同完成企业的经营目标。

4. 爱员工，才会被员工所爱

“所谓领导并不是单纯意义地领导自己的下属，而是哪怕牺牲自己也要保护自己的下属和员工。”这句话中充分体现出经营者的责任是要保护员工。所以针对裁员的问题，稻盛和夫认为这种做法是可耻的，他坚信即便是不裁员，公司也一定能找到出路。以一般道理来看，这样做令人产生很多疑问，在工作量不断减少的情况下，如果还不裁员的话，企业如何得以正常生存？

1974年，受石油危机的冲击，日本经济出现低迷现象，京瓷公司当年利润骤降50.6亿日元。当时，大多数企业都试图裁员已渡过面前的难关，而稻盛和夫却宣布：“企业哪怕是靠苔藓生存下去，也绝不会裁员，更不会停工。”为渡过难关，他将管理层的薪水降了10%，并采取了节能降耗措施来保证员工的生存。员工被稻盛先生的宽厚和诚意所打动，与公司同舟共济，为了公司顽强拼搏，最终使公司逐步重新步入正轨。

稻盛和夫对员工的宽厚与善待员工在那种极其恶劣的情况中体现得淋漓尽致。这种企业所特有的“人情味”，可谓是京瓷公司的特产；对员工仁爱是“人情味”的基石。这种“人情味”还体现在公司联谊会和忘年会上，稻盛和夫和公司高级管理人员跟员工之间的“心灵对话”；组织对企业发展作出贡献的员工出国旅行，体现了他对员工的“感激之心”；将自己拥有的17亿日元股份赠予了1.2万名员工，又体现出了他的“无私之心”。

“以心换心”，稻盛和夫以真诚的心去关心照顾员工，同时也得到了员工们对他的尊敬，他们愿意无私地为京瓷服务，全身心地投入到工作当中去，即便是去世了，都要葬在“京瓷员工陵园”里，这已经足够显示出他们至死不渝的“忠心”。

国外有远见的管理者从劳资矛盾中悟出了“爱员工，企业才会被员工所爱”的道理，因而采取软管理办法，对员工进行感情投资。

日本一些管理者更是重视企业的“家庭氛围”。他们声称要把企业办成一个“大家庭”，注意为员工搞福利。当员工过生日、结婚、晋升、生子、乔迁、获奖之际，都会受到企业管理者的特别祝贺，使员工感到企业就是自己的家，企业管理者就像自己的亲人长辈。日本桑得利公司员工佐田刚进公司不久，他的父亲就去世了。公司总裁岛井信治郎率领一些员工到殡仪馆帮忙。丧礼结束后，总裁又叫了一辆出租车，亲自送佐田和他的母亲回家。佐田后来当上了主管，常对人提起这件事：“从那时起，我就下定决心，为了管理者，即使是牺牲生命，也在所不惜。”可见孙子所说“视卒如爱子，故可与之俱死”，说的是确有道理。佐田为回报公司总裁的爱心奋力工作，成了桑得利公司的顶梁柱，对公司的发展起了重要作用。

员工与企业的关系不仅仅是物质上的雇佣与被雇佣关系，还应是和谐、共同发展的友谊关系。维系这种友谊的纽带就是企业要给员工一种“企业就是家”的感觉。

企业管理者应把员工当作自己的亲人一样看待，在一种融洽的合作气氛中，让员工自主发挥才干，为企业贡献自己最大的力量。创造最好美国西南航空公司的创始人赫布·凯莱赫的管理信条是：“更好的服务+较低的价格+雇员的精神状态=不可战胜。”

西南航空公司的发展并不是一帆风顺的，它成立不久，就遇到财政困难。凯莱赫面临两个选择：要么卖掉飞机，要么裁减雇员。在这种状况下整个公司人心惶惶。公司只有四架飞机，这可是公司的全部经济来源所在啊！但是赫布·凯莱赫的做法却是出人意料的，也让所有员工大为感动：他决定卖掉这四架飞机中的一架。

“虽然解雇员工短时间内我们会获得更多的利润，但我不会选择这样做。”他说：“让员工感到前途安全是激励他们努力工作的最重要的方法之一。任何时候，我都会将员工放在第一位，这是我管理法典中一个最重要的原则。”

善待员工自然能激发员工对工作的热爱。公司要求雇员在15分钟内准备好一架飞机，员工都很乐意遵守，没有一个人有怨言。在西南航空公司，雇员的流动率仅为7%，是国内同行业中最低的。凯莱赫对此感到非常自豪。

“我希望自己的员工将来与他们的子孙辈交谈时，会说在西南航空工作是他们一生中最美好的时光。他们的人生在这里获得了飞跃。这也是对我们工作的最大褒奖。”凯莱赫如是说。

在短短32年内，西南航空公司从成立之初的4架飞机、70多名员工，已发展到如今拥有375架飞机、35万名员工、年销售额近60亿美元的规模，成为美国第四大航空公司。西南航空公司短期迅速崛起的原因与其独特企业文化分不开。

在法国企业界，有一句名言：爱你的员工吧！他会加倍地爱你的公司的。关心和热爱员工即是一种感情投资，而这种投资花费是最少的，然而回报是最高的。只有一切为员工着想、设身处地关心员工的企业，才会让员工体会到温暖，只有这样，才能在无形中加强企业的凝聚力，调动起员工的积极性，极力提高员工的忠诚度。这种经营人心的经营，是一种极高境界的管理之道。

在出任日航CEO后，稻盛和夫依然贯彻他的这种经营哲学，保护员工利益，绝不裁员。但也有人提出了疑问，因为日航的确是裁掉了1.6万名员工。对此，稻盛和夫解释说：在他担任日航CEO以前，日航就已经破产了。破产之后当时有一个政府相关的机构，可能是半官半民性质的，叫“企业再生机构”，这个企业再生机构就针对日航如今存在的这种情况制订出来了一个重建计划，叫做再生计划。而再生计划当中它是遵循法律，从法律上讲，它已经符合这个破产的规定，制订出了这样一个再生计划。

再生计划当中就表示，你们日航的员工是在太多了，因此说在再生的过程中就要合法地裁掉一部分员工，而法律又规定，倘若因为这个原因的话合法的解聘是可以的。因此，当对在这样一个前提和背景之下日航解聘了1.6万名员工，之后稻盛和夫又来到了日航。因此说，在稻盛和夫经营企业这么多年的时间里面，他从来没有裁掉过任何一个员工。

如果让员工们离开企业的话，对于企业家而言，稻盛和夫认为是一件极其痛苦的事情，所以如果说裁掉一些日航的员工，那么企业应该发给这些员工一些津贴。倘若有一些员工是自己愿意退出的，那么企业也应该给他比工资多几倍的离职费，作为他为日航工作期间的报酬。

在企业里，经营者有很大的权力，但是如若行使这些权力，就应该从保护员工的角度出发，为员工谋取幸福，而不可以以此来压制员工，更不能用自己手中的权力满足自己的欲望。作为经营者自己要起到垂范带头的作用，亲自实践这种哲学，在不断努力中提升自己的人格。如果这样做，企业就一定能得到发展，而且可以长期持续繁荣昌盛。

5. 不断激励下属士气

任何一个企业都希望拥有充满激情的员工，员工的激情来自哪里？

稻盛先生认为，使员工明白企业的经营目的，并且让员工分享公司的经营成果，是激励员工的有效措施。稻盛在经营京瓷时，就以大家庭的利益使大家明白自己在干什么，干完这个后能得到什么。他让员工持一部分公司的股票，使大家感受到大家庭的氛围。通过这样的策略，稻盛得到员工的信任和支持，并且激发了员工的工作热情。

此外，稻盛先生还认为，要想使员工具备某种特质，领导者首先得自己拥有这方面的良好品质。所以在激励员工时，领导者首先要学会控制自己的情感。因为，领导者的态度和情绪会直接影响与其一起工作的员工。

如果领导者情绪低落，那么他的员工也将受到影响而变得缺乏动力；相反如果领导者满腔热情，那么他的员工必然也会充满活力。一个充满激情的人是我们可以依靠的力量和榜样。在激情的相互感染下，消极的人可以发现自身的不足，迷惘的人可以重新找到方向。

正是激情，以及激情的传递、感染、再激发，可以消除一个团队中不和谐的声音和行为，可以融化和整合团队的各种资源和潜力，激励强者，提携弱者，让团队不断迸发出活力和力量。

管理者和普通员工最大的差别就在于，一个真正的管理者不仅知道自己的责任，更能够用自己的热情激发出员工身上最大的能量。在这个过程中，他的行为理念会成为效仿的榜样，从他的身上员工能看到美好的愿景，并且共同分享成功的喜悦。从这个意义上说，分众传媒控股有限公司的董事长江南春注定会成为一个优秀的管理者。

不熟悉江南春的人都说他是个儒雅的管理者，熟悉他的人说他是一个拥有天才般思维的管理者，是一个充满激情的管理者。

大学时候，江南春的诗情和才华使他成了校园内的风云人物。据说当时他特别喜欢在公众场合露面，无论到什么地方，他都会成为现场最引人注目的明星。

当时的校友这样评价江南春：他思路清晰，逻辑严密，回答问题针对性强，充满趣味，极富感染力。这刚好与分众传媒几位高层对江的评价不谋而合。

在分众传媒的管理团队中，几乎所有人都是被他的激情打动而加入到这个团队之中的。其中包括首席营销官陈从容、副总裁嵇海容以及首席战略官陈岩。公司营运副总裁张家维更是视江南春为自己的偶像，他是一个很强势的人，在他眼中没有失败，当他首次和我谈到大卖场这一新项目时，就详细解答了我的所有疑问。因为在很早的时候，这一项目就有人尝试过，但是都没有成功。但江南春说正因为没有人成功，我们成功这才是最大的价值。他对成功的理解感染了我，于是我放弃了即将到手的期权，加盟分众。江南春在很多方面有独到之处，如吸引人才，许多企业的手段是工资，这必将增加成本，而他不是，他是用精神感染大家，给我们描绘一个远景，让我们觉得目前的努力是有未来远见的。

尽管早年痴迷文学的他最终没能成为一个“把天下人的苦难视为自己苦难”的诗人，但是擅长感性思维的他对于事物那种近乎偏执的激情却并没有被泯灭，反而能够最大限度地感染周围的人，这其中也包括自己的竞争对手。

“我们要爱我们的敌人，敌人也就消失了”，这是江南春喜欢的一句话，出自圣雄甘地之口。

在分众传媒和聚众传媒为了地盘争得头破血流时，聚众传媒的总裁虞锋曾经有这样的疑虑：为什么要杀敌一万、自残九千呢？难道一定要在红旗插到对方领土再回头发现身边已无人吗？正是看准了这点，江南春在与虞锋见了两次面之后，就让一个潜在的敌人“消灭”了。在这个过程中，外界很难判断究竟是谁感染了谁，但有一点是可以肯定的——对于双方来说，只有合作才是最好的解决方式。

伴随着宣传的媒体日趋多元化的发展趋势，分众传媒仍然会面临其他相关媒体广告业务方面的竞争。但是在合并了聚众传媒之后，江南春已基本实现了行业垄断。

成功的创业者一定具备领袖气质，江南春将“领袖”定义为持续的激情。“即便是在很多人表示怀疑时，仍然要保持激情与信心。”他正是用这种持续的激情推动着分众传媒走向更辉煌的未来。

对于团队的管理者来说，只有对自己所从事的工作充满激情，才会全身心地投入，才会激励团队不断前进。团队的管理者要成为一个优秀的“号手”，能吹起团队前行路上响亮的“冲锋号”，激起团队工作的激情与热情，果真如此，那就是管理者工作的最大成功。那么，团队管理者如何才能当一个优秀的号手，激起团队的激情呢？

（1）自身激情要足。

正所谓用心灵感化心灵，用激情点燃激情。激情是可以传染的。那么管理者自身的激情显得非常重要，管理者要成为团队激情的“感染源”。很多人喜欢看电视剧《亮剑》，剧中的团长李云龙和政委赵刚有这么一段对话，赵刚：“我明白了，一支部队也是有气质和性格的，而这种气质和性格是和首任的军事主管有关。他的性格强悍，这支部队就强悍，就嗷嗷叫，部队就有了灵魂，从此，无论这支部队换了多少茬人，它的灵魂仍在。”李云龙：“兵熊熊一个，将熊熊一窝。只要我在，独立团就嗷嗷叫，遇到敌人就敢拼命……”

部队这样，企业也是如此，员工的工作激情与企业领导有关，管理者自身如果没有激情，出现的情况很有可能就是其中的“将熊熊一窝”。领导有激情，员工才会“嗷嗷叫”，这就需要管理者自身要充满工作的激情。

（2）自身底气要足。

管理者要成功地激起员工的工作激情，自身底气必须要足。管理者的底气是什么呢？其实最根本的就是管理者自身的形象及在员工中的良好声誉。管理者在团队中的可信度越高，工作的底气就越足，激励的效果就越好。管理者是团队的领头雁、排头兵，他的思想觉悟、习惯作风、个人涵养在团队建设中都起着至关重要的作用，管理者的形象不容忽视，这就需要领导时时处处注意自身的形象建设，要对自己常用“整容镜”，整出自己实事求是的工作作风、脚踏实地的工作态度、令人信服的人格人品，整出自己领头雁、排头兵的风姿风采，使自己拥有在团队中激励的魅力和资本，增强自己的号召力。

（3）躬着身子“吹号”。

作为一个团队的管理者，在日常的管理中需要发号施令。不会发号施令的领导肯定当不成好领导。但是，领导的权威不光是建立在他的行政职务上，还在于他的综合影响力。因此，在注重制度管理的同时，也要注意亲情管理，注意“精神关怀”。领导与员工在职务上虽有区别，但在人格上是平等的。只有领导躬着身子“吹号”，才更容易传到员工的心坎里，激起员工的工作热情。

员工有没有激情，能不能让员工拿出激情，是衡量一个团队管理者的关键。激情是企业的活力之源。无论是彼得·德鲁克、汤姆·彼得斯，还是松下幸之助、比尔·盖茨，他们都是激情的倡导者、实践者。

没有激情，团队将是死水一潭。团队中的员工，就是死水里的鱼，那种缺氧的窒息让人绝望。所以，请拿出你的激情！因为没有哪家企业愿意成为这样的企业，没有谁愿意成为这样的员工。

6. 自上而下与自下而上的整合

在阿米巴经营中，自上而下和自下而上的整合一直是一个重点，即企业各项资源的有效组合。对于很多企业来说，自上而下和自下而上的整合能够产生三方面的作用：共享价值观、共享目标、调动员工的主观能动性。

（1）共享价值观

在阿米巴经营中，自上而下和自下而上的整合是一种非常理想的结合。自上而下和自下而上的整合不是特别容易达到，这要求企业决策层和生产现场必须建立在共同的价值观上。所以，共享价值观就成为阿米巴经营中维持自上而下和自下而上的整合方式的关键点。

企业的决策层必须有一个适合企业中所有层级岗位的经营理念，这个理念必须反复地灌输，直到被所有的员工都接受认可。在京瓷的发展中——稻盛和夫就是借助自上而下和自下而上的整合方式成功地让员工接受了京瓷的发展理念，并且将京瓷的价值观作为自己的价值观。

在阿米巴的经营过程当中，分享价值观是一个非常正常的运行因素。因此，稻盛和夫说："每一个企业都有着不同的价值观，如果每一个企业都不能将自己的价值观成功地与员工分享，那么这个企业的凝聚力自然是难以形成的。所以，我为了让京瓷的员工体会到阿米巴经营的理念以及好处，我最先做的就是让员工们分享我的价值观，分享京瓷的价值观，最终让他们变成京瓷的主人，把京瓷当作自己的家。”

（2）共享目标

稻盛和夫说：“共享目标是一个很现实的问题，但是这其中也存在着很多抽象的概念，员工不容易理解，但是员工不容易理解的主要原因就是他们不知道自己该怎么做才能够将自己的实际行动和决策层的想法完整地结合起来。所以，我们经常可以看到，很多企业的价值观都成为挂在企业大门上的匾额，成为一种摆设，根本就没有发挥任何作用。”

一般来说，随着企业规模的逐渐扩大，底层员工和企业决策层之间的认同感和一体化感会越来越淡薄，中层以下的非管理人员总是会很容易就产生“反正我们的意见根本就不会引起决策层注意”的想法。而这正是稻盛和夫在阿米巴经营中非常重视的一个问题。

在阿米巴经营中，稻盛和夫将企业的决策权交给了现场，虽然这会有使员工放任自流和失去企业控制力的危险，但是更多的却是给了员工一种认同感和归属感，激发了员工的创造力，并且让员工成功地分享了企业目标。

在阿米巴经营中，自上而下和自下而上的整合是建立在单位时间核算这一指标之上的，因为单位时间核算就像一条纽带一样将现场和决策层紧紧地联系在了一起。而且通过这一纽带，现场和决策层之间不仅拥有了共同的价值观，而且还拥有了共同的目标。

在阿米巴经营当中，各个阿米巴的单位时间核算加起来就是整个京瓷的核算。有了单位时间核算这一共同指标，自上而下和自下而上的整合就更有意义，决策层能亲临现场指导工作，同时现场也能够更好地将决策层的意志转化为自己的实际行动。

所以，稻盛和夫只需要根据京瓷的核算做出经营判断即可。同时，对于现场的员工来说，这也是决策层直接对他们的工作成果的关注，而现场的员工有了这种感受之后就会大大地激发现场活力。而且，决策层对改善单位时间核算做出具体指示之后，现场就会制定出一个目标金额——双方使用同样的指标，双方的目的就统一了。可以说，这种做法既能够保证阿米巴发挥出自己的实力，又能避免阿米巴随心所欲以及脱离企业的经营轨道。

（3）调动员工的主观能动性

稻盛和夫说："企业领导者的工作不是让员工被动地去执行企业的决策，而是让员工积极主动地去完成自己的工作。"从稻盛和夫的这句话中可以看出，调动员工的主观能动性是阿米巴经营的主要组成部分。

在日常经营过程中，稻盛和夫总是选择将工作职责比较接近的相关岗位进行简单的划分，然后再以自上而下和自下而上的整合方式让这些岗位串联成为一个整体，从而最大限度地发挥它们的功效。在最先进军手机移动领域的时候，稻盛和夫遭受到来自于DDI董事们的强烈反对。一位董事直接当着稻盛和夫的面说："NTT做了手机业务，最后引发了严重的企业赤字。美国自由化结束之后，美国很多的企业去投资手机项目，可是目前有哪一家赢利了呢？我们DDI刚刚成立不久，企业的发展前景尚不明确，此时我们就开始投资手机领域那不是非常危险吗？DDI最好还是不要染指手机项目为好。"

面对董事们的强烈反对，稻盛和夫并没有选择退缩，他认为只要DDI能够认真地去做，即便是失败也不可能亏损太多，而且DDI在开发新的技术领域上一向是很有见长的。稻盛和夫对董事们说："我始终相信我们会在手机项目上取得突出的成绩。未来社会肯定是要步入无线通信时代的，手机最终会成为比固定电话更为重要的通信工具，所以我们早晚会迎来一个可以随时随地且能够边走边讲电话的无线通信时代。"

虽然稻盛和夫的这番话很有鼓动性，且显示出了一个优秀企业的高瞻远瞩的战略眼光，但是董事们几乎都不相信他预测的未来。不过庆幸的是，还是有一位董事在听了他的话之后站起来说："我也是这么认为的，可是就只有我们两个人。"稻盛和夫回答道："那就这样吧，我们两个来做吧。"就这样，稻盛和夫开始做起了手机通信项目。出乎那些反对者预料之外的是，京瓷新成立的手机通信公司在手机领域取得了不错的成绩，也让京瓷在整个通信领域打开了一个缺口，成为全球通信领域中一家很有实力与影响力的企业。

在成立手机通信公司之后，稻盛和夫就对京瓷中的相关通信领域的生产营销资源进行了整合，使得京瓷的手机通信公司从一开始就有足够的技术和人力的保证。

在总结京瓷进军手机领域的发展历程之时，稻盛和夫这样说道："京瓷通过自上而下和自下而上的整合让京瓷手机通信公司从一开始就保持着很大的优势，这种优势给我们带来了激情，让我们做出了正确的决策判断，从而让我们京瓷手机通信公司获得了非常不错的业绩。"

7. 用一致的目标团结下属

稻盛和夫说："企业若是不能让其中的成员密切合作，便会遭遇失败的命运。特别当大家各有不同的意图时，群体的力量就会分散。成功的公司有办法使每个成员都能朝着一定的方向前进，并让每个人都有发展的空间。"

对于一个企业来讲，上下员工团结一致才是企业成功的有力基石。因为一个企业的发展并不可能依靠个人力量，而是需要依靠团队的力量。而团队中的成员只有团结起来才能将力量最大化，如果团队中的成员不团结，并且相互牵制、争夺，反倒不如一个人的力量了。所以，一个企业管理者，要想企业能良好地发展下去，就必须用一致的目标将企业上下员工团结起来。

日本松下电器的创始人松下幸之助曾经讲到：“中层经理一旦进入松下，就会被告知松下未来20年的愿景是什么。首先告诉他松下是一个有愿景的企业；其次，给这些人以信心；第三，使他们能够根据整个企业未来的发展，制订自己的生涯规划，使个人生涯规划立足于企业的发展愿景。”

在松下公司刚刚创业不久，松下幸之助就为所有的员工描述了公司的愿景，一个250年的愿景，内容是这样的：

把250年分成10个时间段，第一个时间段就是25年，再分成3个时期：

第一期的10年是致力于建设；

第二期的10年是“活动时代”——继续建设，并努力活动；

第三期的5年是“贡献时代”——一边继续活动，一边用这些建设的设施和活动成果为社会做贡献。

第一时间段以后的25年，是下一代继续努力的时代，同样的建设、活动和贡献。从此一代一代相传下去，直到第十个时间段，也就是250年之后，世间将不再是贫穷的土地，而变成一片“繁荣富庶的乐土”。

就正因为这一愿景，激发了所有人的激情和斗志，让所有人都誓死跟随他。

见过天上在飞的大雁吗？一群大雁在飞行的时候通常都是排成“人”字形或者“一”字形的，你有没有想过，这群大雁里面谁是领导呢？有人说是领头的那只。假设某天有个猎人将领头的大雁射了下来，你觉得大雁接下去会采取什么样的行动呢？是继续飞行还是一团乱麻？实际上，大雁们会在失去领头雁的那一瞬间会出现混乱，但是它们就会在非常短的时间内重新产生领头雁并且很快地恢复阵形继续飞行。有人就在思考，为什么大雁可以如此从容的面对这么大的一件事故？其实原因就在于它们有一个共同的目标。它们向往的那个非常舒适，能够给它们带来食物和美好环境的南方，这就是它们飞行的需求。其实，在飞行过程中，不存在什么领导，它们愿意自发自觉的组成队列努力飞行，就是因为在它们心中的那个美好的未来。

同样的，什么才可以让员工们自发自觉的努力工作呢？答案也是目标，他们所向往的美好未来。在这样一个美好未来的指引下，即使闪电击破长空，即使风雨交加，即使面对猎人的追杀，它们也愿意拼搏下去，只因为他们心中那一片极致美丽的愿景。

稻盛和夫在创业之初就曾立下重誓：“吾等定此血盟不为私利私欲，但求团结一致，为社会、为世人成就事业。特此聚合诸位同志，血印为誓。”当时跟随稻盛和夫的仅有八个人，而40多年后，稻盛和夫却成为迄今为止世界上唯一的一位一生缔造两个世界500强企业的人。

稻盛和夫的成功正是因为他用正确的价值观凝聚了无数的人才，并用正确的决策将这些人才团结在了一起。团结的团队，其力量是无穷大的，这力量就是企业发展壮大的原动力。企业的领导者要想企业发展壮大，就一定要用正确的价值观和决策，用一致的目标将企业员工紧密地团结起来。

第五章

“利他”经营——敬天爱人，与人为善

人心可以大致分为两种，即利己之心和利他之心。所谓利己之心，是指一切为了自身利益；所谓利他之心，是指为了帮助别人可以牺牲自己的利益。

——稻盛和夫

1. “利他”是企业经营的起点

稻盛和夫将人心分为利己之心和利他之心两种。一切为了自身的利益而生活、工作的思想就是利己之心；而为了帮助别人可以牺牲自己利益的思想就是利他之心。

作为一个成功的经营者，稻盛和夫主张把“利他之心”作为企业经营的指导思想。稻盛和夫认为，“利已经营”虽然没有道义上的不当之处，但并不是企业长远发展的经营策略。稻盛和夫并不否认人都有利己的一面，不能说有想赚钱的想法就是不好的。但他也指出，要想拉着大家跟自己走，跟着自己好好干，仅仅想着自己赚钱是不行的。要想鼓舞大家的士气，引导人们随着自己的步伐前进，就必须有一个更高层次的大义名分，即“利他精神”。

稻盛和夫说：“利他的德行是克服困难、召来成功的强大动力。”

那么，何为“利他精神”？

孔子曰：“夫仁者，己欲立而立人，己欲达而达人。”意思是说，仁德的人，自己想成功首先要使别人能成功，自己做到通达事理首先要使别人也通达事理。

稻盛和夫诠释道：“这里所说的‘利他’，不仅是一种方便的手段，其本身就是目的。为了集团，为了达到让大家都能幸福的‘利他’的目的，才具有普遍性，才能得到大家的共鸣。而任何‘利己’的目的，最多只能引起一小部分人的同感，但加上‘利他’，就有了普遍性，能引起大家的共鸣。正是在这个意义上，要想搞好经营，就必须是‘利他’经营。”也就是说，作为一个企业，想要获得利益，无论是服务他人，还是协作分工，都离不开“利他”。“他”不立，企业何以得立呢?

开创事业，从商经营，应该本着至善之心，这就是稻盛和夫一直倡导的经营思想。稻盛和夫说：“抑制欲望和私心，就是接近利他之心。我们认为利他之心是人类素有的德行中最高、最善的德行。”稻盛和夫从“利他”的角度，将企业经营者定义为“三好商人”，即对客户好，对社会好，对自己好。他认为成为“三好商人”是商人从商的精髓，是从商的极致，也是企业家的使命。

稻盛和夫创建日本第二电电的目的正是出于这种“至善”的动机。

从明治时代以来，日本的通信市场一直是被日本电信电话公社，也就是现在的NTT公司所控制。因为通信市场一直被垄断着，所以通信费用一直居高不下。为了降低通信费用，服务于民，在民营企业可以自由参与通信事业的经营时，稻盛和夫冒着极大风险参与了通信业的竞争，成立了日本第二电信电话公司，也就是第二电电，即DDI公司（现名为KDDI公司）。

那时的京瓷公司，发展初具规模，要展开国家性的电信业这种大项目，在实力上还存着极大差距。所以很多人都不看好稻盛和夫的这项决策，甚至认为这样做是一种鲁莽的行为，很有可能将好不容易发展起来的京瓷公司也拖至险境。

当时的稻盛和夫也很苦恼，在举棋不定的半年里，他时常在心里反反复复地和自己做逼问式的对话：“我的动机是善良的吗？”“你说，你参与通信事业是为了降低大众昂贵的电话费用，你真的是这么想的？不是为了对‘京瓷’更有利，让‘京瓷’更出名吗？不是为了博得大众的喝彩，不是为了沽名钓誉吗？”“创办第二电电不是你自己想作秀表演吧！嘴上讲得漂亮，说什么为了大众，其实还是为了赚钱，还是出于私心才去挑战通信事业。真的是动机至善、私心全无吗？”

在经过了近半年时间自我逼问式的思考后，稻盛和夫理清了思绪。这番深思熟虑后，稻盛和夫最终确定了自己没有私心，是真的想为大众降低昂贵的电话费用。他明确了自己的出发点，以“利人利世”的纯粹动机投身到通信事业中，其目的就是为社会服务。

化学专业出身的稻盛和夫，在初涉通信事业时，可谓连“通信”的“通”字都不明白，但是他还是一心一意地投身到了这项事业中。他谦称自己当时是“有勇无谋”。为了更快地了解通信行业，更好地为大众服务，稻盛和夫去拜访了NTT的技术人员，在与十多位年轻的技术骨干夜以继日地学习讨论之后，志同道合的他们本着“为社会，为世人”的目的走到了一起。这也让稻盛和夫坚定了开创通信事业的决心。

虽然有了坚定的决心，但DDI公司成立的时候，稻盛和夫根本没有具体的运作方案，甚至连构筑通信网络的设施上都无从下手。而同时进入通信业竞争中的还有国铁、日本道路公团与丰田汽车结成的联盟这两大对手。

就铺设光缆线来说，国铁可以在他们管辖内的新干线上铺设光缆，道路公团可以将光缆铺设于其辖内的东名·名神高速公路上，和这两家公司相比，京瓷公司没有任何便利和优势。由于国铁属于国有财产，所以稻盛和夫向国铁总裁提出希望沿新干线再铺设一条光缆的要求，但被回绝了。稻盛和夫又考虑使用无线网络，但当时任意架设无线通信网络是不被允许的，所以希望又落空了。

在稻盛和夫陷入困境的时候，电电公社，即NTT公司的总裁伸出了援助之手，他将NTT的一条空余线路提供给了DDI公司使用。但这是一条沿东京、名古屋、大阪的山峰架设抛物面天线的无线通信线路，施工作业相当困难。

对于当时的情形，稻盛和夫回忆起来仍心有感触。第二电信电话公司在日本列岛仅存的这条线路上，沿一座一座山峰修建起了大型抛物面天线。夏天在烈日的毒晒下，冬天在凛冽的寒风中，年轻的员工们意气风发，夜以继日，居然与国铁沿新干线、道路公团沿高速公路铺设光缆这种简单工程同时完工，成功设置了抛物面天线。

虽然从零做起，DDI公司的进度并没有落后于其他两家公司，并且与他们同时完成了东京、名古屋和大阪之间的通信线路工程。在很多人看来，DDI公司基础设备差，而且还缺乏先进的技术，一定难逃被淘汰的命运。但是在“利他”理念的指引下，稻盛和夫用“为社会，为世人”的崇高目标聚集了全体员工的力量，DDI获得了卓越的成功。

众人拾柴火焰高，得到京瓷全员的支持是稻盛和夫在通信事业上走向成功的原因。“凝聚全体员工的合力才有‘第二电电’的成功。”稻盛和夫回忆说，这是他跨入通信业的第一步就能够走稳的重要原因。

在一切硬件设施已经具备之后，DDI公司就该朝着最初创建时的目标前进了。和国铁、道路公团以企业为服务对象所不同，第二电信电话公司以一般大众的室外电话为服务对象，为民众服务，降低了大众长途通话费用。

这种室外电话的服务得到了民众的普遍认可与广泛支持，DDI公司的业绩远远领先于其他两家公司。看见DDI公司遥遥领先于同期参与竞标的其他企业的事实，很多人都向稻盛和夫讨教获得成功的方法，稻盛和夫回答说：“我的答案只有一个，是希望能有益于人民的、无私的动机才带来这样的成功。”这也是稻盛和夫总结的“为他人为社会尽力”的初衷。

当企业家在本着善良的动机和正确的方法进行经营时，自会得到喜人的成果。稻盛和夫在创办DDI公司时，就是将这种思想贯穿到经营通信事业的始终，所以才取得了佳绩。或许很多人会认为，这些辉煌的获得是因为最初有NTT社长的鼎力帮助。对此，稻盛和夫认为，这份成功除了这个原因外，最核心的原因还是得益于“利他”的经营理念，这也是他在后来企业经营的历程中不断得到支持与响应的重要原因。

稻盛和夫说：“所谓利他之心，佛教里是指善待他人的慈悲之心，基督教里指的是爱。更简单一点说，是奉献于社会，奉献于人类。这是在人生的道路上，或者像我们这样的企业人士在经营企业中不可缺少的关键词。”

所以，稻盛和夫认为“利他”是企业经营的出发点。从事经营活动，不要只想着企业赚钱，也应该让合作方获取利润，还应该为消费者、投资方、区域性利益做出贡献。

稻盛和夫提倡企业经营利润来自于社会，也应该用之于社会的思想。这种对“利他”理念的彻悟，尽自己最大的力量为社会和世人服务的精神被稻盛和夫当作人生中的最大的价值。每个人只能活一次，所以，他认为在这唯一的一次人生中，最高的价值就在于“为社会、为世人”尽力，哪怕只能尽微薄之力。

稻盛和夫提出，在评价一个科学工作者时，不能只看他的学问或业绩，即使他没有傲人的成果，但只要他具备高尚的人生观、人生哲学，只要他“为社会、为世人”作过贡献，他就是成功的，他的灵魂就应该荣获勋章。稻盛和夫说：“在死亡到来之际，我们应得的勋章，不是因为研究成果，更不是因为财产和名誉，而是在现世，在仅有一次的人生中，我们做了多少好事，这才是授予我们灵魂最好的勋章。”

稻盛和夫在京瓷公司发展壮大之后，并没有独享成果，在基于回报他人和回报社会的考虑下，稻盛和夫拿出了自己拥有的一部分京瓷股份，设立了“稻盛财团”。“稻盛财团”设立的初衷就在于以财团主办的“京都奖”表彰的形式，褒奖那些为社会和他人做出贡献，在尖端技术、基础教育、思想艺术方面做出杰出成就的人。稻盛和夫创设“京都奖”的目的有两个：一个就是前面所说的利他思想，即把“为他人为社会做贡献”看作是人生在世的最高的作为，希望能报答哺育自己成长的人类和世界；另一个目的就是希望能给那些埋头苦干的研究者们一种动力，希望通过表彰那些为人类的科学、文明和精神做出显著贡献的人士，促进这些事业在今后的不断发展。

只有科学的发展与人类精神的深化这两者之间能够得到相互的协调，人类的未来才会有安定的前景。这也是稻盛和夫一直深信不疑并坚持为之付出努力的原因。

正是因为稻盛和夫为社会慈善事业做出的贡献，他受到了人们的高度评价。2003年，稻盛和夫被卡内基协会授予了“安德鲁·卡内基博爱奖”。在发表获奖感言时，他这样说道：“我是工作‘一边倒’的人，我创办了京瓷和KDDI两家企业，并幸运取得了超出预想的发展，也积累了一大笔财富。我对卡内基说的

‘个人的财富应该用于社会的利益’这句话十分认同。因为自己以前也有这样的想法，财富得于天，应该奉献于社会、奉献于人类，因此我着手开展了许许多多的社会事业和慈善事业。”

所谓“君子爱财，取之有道”。稻盛和夫积极推崇该思想。他强调用正确的方法获得财富，而这种“有道”的财富又要有合适的用处。于是稻盛和夫提出“君子疏财亦有道”的理念。

稻盛和夫的利他经营的哲学思想是具有长远意义的可行性的经营策略。这种“利他经营”的经营哲学思想中，反映的正是一个企业家正直无私的经营精神。在和谐双赢的局面中，取得员工的信赖，取得社会的信赖，这也是一条企业通向成功经营的道路。

2. 双赢才能皆大欢喜

对待他人要有关怀之心，做事情的时候要真诚，“买卖是由双方来完成的，双方都应该得到利益，双赢才能使双方都皆大欢喜”。所谓关怀之心就是稻盛先生常说的利他之心，不但要考虑自己的利益，同时也要考虑对方的利益。必要的时候，还要不惜牺牲自己来保护对方的利益不受损害。然而很多人认为在这种弱肉强食的商业社会中，关怀、利他的思想对于自己的发展非常不利。稻盛先生却从来不抱有这种态度，他认为在企业经营的领域中“善有善报”的思想同样行得通，稻盛和夫援引了一个实例。

20年以前，很多日本企业收购了美国公司，但后来由于不断亏损，最终不得不纷纷撤退或者出售，然而京瓷收购AVX以后，却取得了如此大的成功，这是前所未有的。稻盛和夫认为，他们的失败和AVX的成功之间最大的差距在于他们考虑的只是自己的得失，没有真正地为对方着想。

合作在现代社会显得越来越重要了。现代的竞争更多的时候是一种“双赢”的结果，而不一定是你死我活。现在越来越多的竞争工业结为战略伙伴进而合作。他们通过这一策略，不但弥补了各自的不足，还进一步做大了市场这块蛋糕的份额，获得了双赢。事实证明，这样的策略更适合于现代社会的生存之道。

小公司要做大，最好的策略是“结盟”。张明正夫妇别出心裁，决定背靠英特尔这棵大树。一天，张明正怀着紧张的心情刚要出门，妻子上前为他理了理头发，说：“他们有钱有名，我们有产品有技术，双方不过是各有所需。”

就这么一句话点醒了张明正，信心更足地去找从未谋面的英特尔的管理者。在一次次被秘书拒之门外后，他仍不放弃，足足在副总裁的办公室门口等了5个小时，最终得以向他演示自己的产品。当时，英特尔急于扩大芯片的市场份额，觉得配合杀毒软件会更好卖，于是破天荒地与一家小公司“联姻”。

机会很快来了。令网络世界谈之色变的“梅丽莎”病毒疯狂袭击互联网，被趋势公司里的技术人员通过电子邮件及时发现了，同时确信它会迅速蔓延并破坏网络。早在CNN电视台公布消息前3小时，也就是发现病毒12小时内，趋势公司的解毒程序就已放到网上静候下载。这次病毒发作虽“疫情严重”，但趋势公司动作十分神速，以至于FBI疑心病毒是他们“自制”出来的。而“凶手”最终还是被他们抓获了。

这场事件有点意外，却把趋势科技推向下一个里程碑。从此，趋势科技奠定了在互联网防毒领域的领先地位。而现在的趋势公司，已从最早的不到10个人发展成在18个国家有分公司的企业。

在商业活动中，竞争是自然法则，通过竞争，击败对手，独占市场，就能获得最大的利润。但是，竞争并不是万能的。有时双方势均力敌，弄不好只会鱼死网破、两败俱伤；而双方达成一定妥协，发挥各自的优点，共同开发经营，在瞬息万变的市场上，这样就能双方利益共沾，皆大欢喜。

在西班牙的埃尔切，“秋天里的一把火”烧醒了温州商人的共赢意识。温州人在西班牙直销温州鞋，从国内发货、国外进单到市场批发、门市零售一条龙自我“包干”到底。出口商、进口商、经销商、营业员“四合一”，全由温州人包揽，所有环节的利润“独吞独占”。他们“吃苦耐劳”“竞争意识强’，每天延长开店时间，中午该打烊的不打烊，周六该关门休息的不休息。总之，力图把买鞋卖鞋的利润“吃干榨尽”，把别人的饭碗都端掉，自然“引火烧身”。

后来，温州市考察团前往火烧温州鞋的发生地，表示要积极帮助西班牙开通中国渠道，使当地的高档鞋进入中国市场。温州人的双赢诚意，博得了西班牙鞋业协会及生产企业的好感和信任。随即，西班牙鞋业组团带上先进的制鞋技术、设备、工艺来到温州参展，所以实行互惠互利，是企业长期发展的新思路。

合作的原则应该是双赢。世界上最大的傻瓜，就是以为别人是傻瓜的人。这样的傻瓜老想着什么便宜都要占，认为让对方赚得越少越好。对现代企业而言，市场竞争日趋激烈，对手越来越复杂。如果不替客户着想，就很难在市场竞争中立稳脚跟。比如，生产商与经销商二者之间的关系，生产商首先要让经销商先赢。如果经销商赢了，网络健全了，销量上去了，那么，生产商就能得到长远的发展，最终也是赢家。

印度尼西亚华人银行家李文正，喜欢阅读中国古籍；在企业经营过程中，他自觉运用和体现中华传统思想文化的精髓。他在和一些企业家谈判经营时，把“和为贵”的思想应用到谈判和经营中来。他认为：“做生意，眼光要放远，争千秋而不计较于一时，如果双方为利争斗，生意就不可能长久。”所以，他主张双方谈判，不一定要分出胜败，而应该是皆大欢喜。正是在这种“双胜共赢理念”的指导下，李文正与印尼民族、华人及外国金融银行家保持广泛的公私交谊，合作良好，事业也获得了飞速的发展。

他经营的一些进口业，最先就是和朋友合资的。1960

年，他最先转入银行业，也是和几位福建华商合资合营的。1971年，他与弟弟李文光、李文明、华商郭万安、朱南权、李振强共同集资，组织了泛印度尼西亚银行。从1973—1974年间，在他的牵头下，泛印银行和印尼中央银行、世界银行以及十多家各国银行、财务和企业公司，又联合组成印尼私营金融发展公司。同时，泛印银行和瑞士富士银行、日本东京富士银行有限公司、美国旧金山克罗克国际开发公司、澳大利亚商业银行及印尼多国开发有限公司还联合组成国际金融合作有限公司，从事国际性的资金融通和企业投资开发等业务。后来，泛印银行又和法国皇家信贷银行签订贷款及技术合作协定，引进法国长期低利信贷，协助印尼工、农业建设及国内外贸易的拓展。

在短暂的五年内，李文正使泛印银行成为印度尼西亚第一大私营银行。1975年，他应邀担任林绍良的中亚银行的董事总经理，很快使该行跃居首位。同时，他还独资创办了力宝控股有限公司，一方面和美国斯蒂恒斯金融公司联营一些金融企业；另一方面又和林绍良家族各出50%的资本组成力宝集团、共同联营另外一些金融企业。通过这两个集团的联营，不仅使李文正和林绍良的合作更加紧密，而且使力宝集团成了印度尼西亚规模最大和最有影响力的金融财团。目前，李文正已成为印尼仅次于林绍良的华人银行家。据估计，他的资产已达40亿美元之巨。

李文正的“和为贵”思想和“双胜共赢”思想，是一种独树一帜的经营理念。可见，竞争与合作，适时而用，同样可以取得较好的效果。

“一枝独秀不是春，百花齐放春满园。”在现代商业竞争中，企业应该懂得“多赢”战略。因为多赢才是真赢，多赢才是市场经济的真谛。

3. 领导者要具有“大爱”精神

作为领导者，总会面对很多利益的抉择。这里所谓的利益分为两种：一种是领导者自己的切身利益，即私利；另外一种就是员工及公司的利益，即公利。一些领导者选择了私利，于是就出现了今天众多的贪污丑闻事件，这既不利于公司的发展，也会阻碍和谐社会建设的进程。稻盛和夫说：“作为领导者应该建立将公司永远放在自己之前的价值体系，当必须在小我之利与大我之利间作抉择时，身为领导者的基本责任，就是义无反顾地把团队的大我之利放在自己的私利之前。”所以他主张，企业的领导者一定要站在无私的立场上，具有“大爱”的精神。

一个企业的领导者，要是选择以自我利益为中心，那么他必定会因为贪婪而被众人所憎恶。相反，无私的领导者必定会得到敬重，身后也会有人自愿跟随。如果一个企业领导者只看到了眼前利益或者只考虑自己的私人利益，那么他的企业注定发展长远不了。稻盛和夫所理解的企业经营的本质目的是：不论愿意与否都要尽自己的全力，让全体员工获得幸福。他的思想秉持着企业领导者必须具有抛开经营者私欲的大义理念。

这是稻盛和夫在其领导方略中“大爱”的体现。为了事业的成功，为了让员工能在企业中得到更多的生活保障，稻盛和夫利用他绝大部分的时间拼命地工作。以至于有人这样对稻盛和夫说：“你每天都工作到这么晚，甚至假日也是如此。我真为你的太太和小孩感到难过，因为你根本抽不出时间陪他们。”

其实，稻盛和夫自己也承认，为了“大爱”他失去了很多来自家庭的天伦之乐。他的孩子就常常因为父亲的晚归而抱怨，邻居小朋友的父亲总是能按时下班回家，然后和孩子玩耍，但自己的爸爸却要工作到深夜。对于孩子的怨言，稻盛和夫很内疚，但是，他深知作为企业的领导者，他不能同一般的员工一样，准时回家，与家人共享天伦之乐，他必须牺牲家庭生活才能给包括家人在内的更多人创造幸福。稻盛和夫认为，企业经营者就是企业这个大家庭的一家之主，他们要努力工作，让“家人们”生活无忧。

这是一种勇气，是一种牺牲小我的勇气。稻盛和夫认为领导者必备的这种勇气与力量是取得成功的必要条件之一。一旦领导者只希望自己一个人获得利益，那么，在其率领之下的员工也会为了一己之私而明争暗斗，企业早晚会因此分崩离析。

利他的“德行”是解决困难、走向成功的强大动力，这一点稻盛和夫在投资电气通信事业时就很有体会。

现在，几个企业竞争是很正常的，但是，20世纪80年代中期以前，国营企业电信电话公司却将通信领域完全垄断了。

后来，政府考虑引进“健全的竞争原理”，使自由化工作逐步展开，降低和外国相比较高的通信费用。于是，电信电话公司向民营企业逐步转变，改名为NTT公司，同时，其他公司也可以角逐到电气通信事业中。或许是由于害怕和至今为止一手遮天垄断通信事业的巨大挑战，因此没有新的企业加入进来。

这样改制只是徒有虚名罢了，不能引起充分的竞争，通信费用也没有得到降低，国民没有享受到任何实惠。稻盛和夫认为京瓷公司是一家具有风险特质的企业，这样的企业正适合迎接NTT的挑战。京瓷跟NTT公司较量，无异于是蚁象之争，而且京瓷是陶瓷生产企业，从来也没有接触过通信行业。降低收费对国民来说最终可能是竹篮打水一场空，但是，稻盛和夫觉得自己应该来做这个理想主义的堂·吉诃德了。

但是，他没有立即报名申请，因为这个时候他首先要严格扪心自问自己参与这项事业的动机有没有混杂了私心。每晚就寝之前，他必定先对参加意图审视一番：“你加入电气通信事业的意图是真心要使国民享受到实惠的话费来的。价格吗？有没有掺杂了为公司或个人谋利益的私心？或者，是不是只是为了受到社会的关注而在故意出风头呢？动机是不是纯粹的、没有一丝污点的？”稻盛和夫这样反复自问自答。也就是说，他一次又一次地扪心自问“动机是怎么样的，私心又是怎么想的”，拷问自己动机的真伪。

半年后，稻盛和夫终于相信自己没有任何杂念，于是，他决定成立了DDI公司。当时还有另外两家公司想要参与进来。三家公司中以京瓷公司为基础的DDI公司所面临的处境最为不利。原因很简单，因为京瓷不但缺乏通信事业的经验和技术，而且通信电缆和天线等基础设施也一概没有，一切都要从头开始，销售代理店网络的建立也必须从头开始。

京瓷公司“单枪匹马”加入电信业设立“第二电电”，向行业巨头的NTT发起挑战时，稻盛和夫做起了堂·吉诃德，他手持着长矛冲向巨型风车，像是个疯子。社会舆论一致认为京瓷参与到通信领域中来，必然会满盘皆输。

当时，对通信领域，稻盛也确实是完全不熟悉。他回忆说：“在通信领域，我没有任何这方面的知识和技术，一无所有。倘若我在这个领域内挥动令旗，最终却取得成功，就能证明哲学的威力……反过来讲，倘若我失败了，就是说明仅靠哲学是不能将企业经营好的。”经过半年时间的考虑，稻盛作出了决定。

当董事们举手通过投身于通信事业的决议以后，稻盛和夫走到会议桌前面，突然跪下磕头着地：“拜托大家了！”很多人都大吃一惊。稻盛和夫知道人心的重要性，他清楚大家表面上看上去是同意了，可是内心仍有疙瘩，并不由衷赞成。

而这么大的事业，假如没有一帮铁杆派团结一心，注定是要失败的。开拓新事业的过程中一定会出现许多荆棘和坎坷，出现很多难以对付的问题，那个时候就会有人说风凉话：“我一开始就不同意你的做法！”

上司在下属面前居然做出这样的举动，所有在场的人在诧异之余，更多的是感动：稻盛和夫没有私心，为了实现自己的高尚目标，他居然跪下来恳求大家，这个人真的有些可怜了……我们如果不全力辅助他，还有其他选择吗?

当时，稻盛和夫被日本商界赞誉为“日本经营四圣之一”，其实本不必向自己的下属下跪的，他之所以做出这样的举动，其实是想唤醒大家的热情，据说，日本的很多赫赫有名的企业家在拜访稻盛和夫的时候，都是单腿下跪之后，才将自己的名片递上的。

领导者应该是一个能奉献自己的人，在无私地奉献自己的过程中会有响应者积极地来附和他。领导者只有和追随者一起努力，才能取得事业上的辉煌。同时领导者还应该是一个严格要求部下的人，在对部下严厉的责备中，冷酷的表情下其实是一颗温柔的心，只有这种“大爱”才能煅烧出良玉来。

4. 自利则生，利他则久

“自利则生，利他则久”，这句话概括性地总结出稻盛和夫的经营理念。无论是在个人成长还是企业发展过程中，他都会牢记这句话，并把它作为企业持续发展的要素——自利就是需要自身多做一些有意义有价值的事情，使自身立足于社会中；利他就是要从他人的角度出发，为他人提供帮助，使他人得到恩惠。在经营活动中，稻盛和夫一直积极实践着利他经营的思想。

1979年，生产电子计算器的厂家三叉戟公司在经营困难的情况下，通过夏普公司的佐佐木正（后来夏普的副社长）的介绍，向京瓷伸出求援之手。经过深思熟虑，京瓷决定接纳该公司作为集团成员。这是京瓷成立以来的第一次并购。不久，京瓷常务董事古桥隆之又介绍了塞巴尼特公司。这是一家生产车载对讲机的公司，通过对美出口迅速发展起来。可是，由于美国政府突然变更了对讲机的规格，该公司很快处于濒临倒闭的境地，希望京瓷公司给予援助。

京瓷公司当时对电子器材产品完全没有生产和销售经验，稻盛对并购的事情最初也很犹豫。而且，要重整一个即将倒闭的公司也并非易事。既是自己不熟悉的行业，又要承担巨大的财务负担，同时还必须吸收2600名员工，从短期来看没有商业利益可图。可是，该公司的社长希望稻盛能够从根本上对生活即将无着落的两千多名员工给予援助。一贯以利他之心作为判断标准的稻盛最终答应了对方的请求。他把对方公司的社长和高级干部邀请到京瓷公司来，一起召开酒会，大家边喝酒边交流，很快就如同一家人。看到非常热闹的场面，稻盛站起来说：“通过和大家亲切交谈，我坚信塞巴尼特有许多优秀的员工，他们一定能和我们共同奋斗下去，有鉴于此，现在我们在这里决定两家公司‘结婚’。”话音刚落，整个会场响起了热烈的掌声。

当并购进入实质性阶段时，稻盛遇到了始料不及的困难。这家公司赤字非常严重，而且工会中的激进分子经常闹事，甚至向京都市民散发诽谤京瓷的传单。面对这种情况，许多京瓷的员工感到困惑。然而，稻盛自己却非常坚定，因为他知道支援塞巴尼特公司重建完全属于正当的利他行为。在稻盛哲学的指导下，这家公司的事业逐步走上正轨。稻盛并购塞巴尼特的动机是利他的，这一行为的效果却对双方都有利。实践证明，并购的这家公司给稻盛也带来很大益处，它为京瓷公司多元化经营战略奠定了坚实的基础，后来成为公司集团在通信领域的中坚。

稻盛和夫在创办第二电电的时候，不断地向自己发问：“这个方案的动机是否善，有没有私心？”经过反复的思索，他确认自己参与电讯事业的目的是打破国有企业垄断通讯业的局面，降低广大日本国民的通讯费，其次就是给年轻人提供实现个人抱负的好机会。他向广大员工宣传这样的动机，激起了他们的工作热情，得到了广大用户由衷的支持。稻盛和夫创办第二电电的实例表明：经营者如果以利他为根本目的，可能带来己他两利的好结果。相反，如果只有利己之心，企业的效益不一定能长久。

创立第二电电不久，稻盛和夫决定加入汽车电话市场的竞争。汽车电话原来由NTT垄断，直到1986年8月才开放业务，部分引入竞争机制。当时有第二电电和日本高速通讯两家公司表示要加入竞争的行列。日本的汽车电话市场正处于高速发展时期。东京地区的竞争尤为激烈。但是，负责监督市场的邮政省却认为自由竞争的时机尚未成熟，于是决定将市场区域划分给NTT、第二电电和日本高速通讯三家公司。结果，日本高速通讯公司争取到了东京和名古屋地区，而第二电电的业务范围被限制在关西地区。

第二电电的董事和多数高级管理干部对这个结果非常不满。稻盛和夫对大家解释说："双方都想在最易于经营的东京和名古屋开展事业，如果一方不让出这两个地区的话，也许这项移动通讯事业就不会在日本顺利进行下去，面对这种情况，为了达成一致，我们不得不后退一步。有两句谚语说得好，'有失才有得''有输才有赢'。虽然以对我们非常不利的条件达成了协议，但是值得庆幸的是，移动通讯事业终于可以进行了。为了这项事业的成功，我们应该竭尽全力。"把容易经营的地区让给竞争对手，这样的举动显然不是一般意义上的妥协。稻盛和夫是从全日本通讯事业的大局出发，才做出这样的选择。这也是利他经营思想在实践中的体现。

“自利则生，利他则久”这句醒目的警示语就贴在稻盛和夫的办公室内，稻盛和夫想要提醒自己的是，要时刻为他人谋求幸福。“自利则生，利他则久”是需要企业经营管理者必须重视的问题，这个问题执行的好坏将直接影响到企业的未来，同时这也是成功企业必须要掌握的经营哲学。

5. “和魂洋才”的管理理念

向海外发展是成功企业进一步做大的必然趋势，但伴随而来的就是企业面对的经营中的跨文化问题。日本的很多企业就是因为在海外发展的过程中没能处理好文化差异问题，结果极大地影响了企业拓展的步伐。

京瓷在海外发展过程中首先面临的是，在和欧美企业打交道时的文化差异问题。日本和欧美企业经营的差异，从宏观角度上看在于合议制与独断裁决制的差异、年功序列制与能力主义的差异以及信用社会与契约社会的差异；而从微观角度上看，则表现在：美国员工按时下班，而日本员工却经常加班；欧美子公司的领导有很大的自主权，而日本子公司的领导需要向总公司请示后才能处理事情。在跨文化状态中，这些情况都可能会招致矛盾与冲突，从而影响企业的发展。

作为日本的“经营之圣”，稻盛和夫倡导在海外的经营过程中实行“和魂洋才”的管理模式。所谓“和魂洋才”，就是在经营体制中如果必须采用欧美式做法。就原样照搬，但是要贯彻日本式的思维方式。这种思想可以概括为“东洋道德，西洋艺术”。这与中国清朝末年洋务派提出的“中学为体，西学为用”异曲同工，意思都是说，学习西方的技术要以本土的思想和体制为基础。

京瓷公司早期进驻欧美市场时，稻盛和夫在人才任用及管理方面就体现出他的“和魂”思想。日美企业之间的经营习惯和企业文化差异非常大——美国人只在上班的时间内工作，一下班就立刻收拾东西下班；而在日本企业中，都是奉行“工作第一，休息第二”的理念，只有把事情彻底地做好才会下班。在日本企业中，每一个员工对自己的要求都很严格，凡事力求完美，而美国人只要做一个大体差不多就可以了。美国的员工只有在非常具体的操作窗程序下才能够认真工作，领导也都有着非常明确的职责权限，任何事情都只按照上级指示的去做，绝对不会去关心别人。而日本的员工在很大程度上都是依靠员工自觉、自主、主动地去做，非常注重团队合作，美国人则崇尚契约精神，任何时候都很难相信别人。日本人较为谦虚，并且强调集团利益。美国的企业领导人总是一副高高在上的样子，而日本的企业领导人总是一副很随和的样子，即便是企业的最高领导，也经常会换上工作服直接到现场与员工一起去工作。

就是因为这种文化的差异，导致京瓷在美国的企业总是出现各种矛盾。在美国的京瓷企业中，权力和责任几乎都是由美籍社长一人享有和承担，而美籍社长的薪水是大学毕业生的20倍左右，并且远远地高于京瓷集团总部社长的薪水。下级的薪水竟然比上级的薪水还要高，这在很多人看来是一件根本就行不通的事情。对此，稻盛和夫采取了“和魂洋才”式的方法——他采用了一个折中的办法，即美籍社长的薪水比京瓷总部社长的薪水高，但是比美国的行情低的薪水标准。在稻盛和夫看来，这样的待遇已经足够高了，但是美籍社长仍然认为京瓷集团太过于吝啬，对薪水仍然非常不满意。

1980年，京瓷的一家美国企业聘请的这位美籍社长在最初上任的两年里，京瓷的这家分公司一直都是亏损的，但是到了第三年却转为赢利。当时，稻盛和夫非常高兴，决定给这个企业中的每一个员工多发一个月的薪水作为奖金，因为美国人对奖金这一概念一直非常重视。于是，稻盛和夫便去找这位美籍社长商量在一个恰当的时间给员工发放这笔奖金。

稻盛和夫找到这位美籍社长说：“我准备给每一个员工多发一个月的薪水，因为公司在创立的最初两年内一直是赤字，今年好不容易赢利了，我觉得这都是大家努力的结果，所以我想给予大家奖励，你觉得怎么样？”

谁知稻盛和夫的话音刚落，这位美籍社长便非常惊奇地说："这怎么可以呢？虽然我们美国人都非常重视奖金，但是奖金一直都是给管理者的，普通的工人怎么可以享受这种待遇呢？我相信，如果给工人们发放了一个月的奖金，明天就会有一半的员工不来上班，都玩去了，这肯定会影响公司经营的。"

令稻盛和夫更为吃惊的是，这位美籍社长接下来又说："公司在最初的两年内出现亏损都是我的责任，而今年出现盈余这也是我努力的结果，这是我的功劳。如果稻盛先生愿意支付每一个员工一个月的奖金，那么其中的一大半应该是发给我的，这是我应该得到的，也是我的权力。"

听完这位美籍社长的话，稻盛和夫说："在美国也许是这样的，但是我却不想这么做。在我看来，企业的领导为企业的利益应该牺牲自我，你应该像孩子的父母一样，不要为了自己的利益去牺牲员工的利益。有这种精神才符合我们企业的发展，才有资格做企业的领导。牺牲团队的利益来满足一个人的利益，这样的领导方式与京瓷集团所要求的理想领导人恰好相反。"稻盛和夫否定了这位美籍社长过分利己、金钱至上的美国式经营风格。之后不久，这位美籍社长就因为和京瓷的经营理念上的冲突而辞职了。

后来上任的一位美籍社长接受了京瓷的经营哲学。在一次述职中这位新上任的美籍社长这样说道："每一个国家，每一个民族都有着不同的发展历史，都有着不同的文化哲学，但是在企业的经营上，在人生的基本原则上，归根结底都是一样的。不论在哪一个企业中，不管有着怎样的企业文化，有着怎样的价值观，在工作上都要求努力，都要求取得一定的成果，要为社会的发展做出贡献，要相信社会的基本规律，这些都具有普遍性，都是真理。”

“因为企业文化的不同，因为价值观的不同，我们在工作的时候都会产生这样或那样的障碍，有时候会痛苦，感到无所适从。但是，在克服这一类的障碍时，我们就会发现不同的文化与不同的价值观之间的纽带。我自己是一名虔诚的基督教徒，但是在超于宗教差异的精神层面上，我在京瓷集团中却感受不到什么大的矛盾之处，当我们能够共享高层次的哲学、文化、理念的时候，所有的障碍都不是障碍。”

这位后来继任的美籍社长现在已经领导着有数千名员工，并且年销售额高达数千亿日元的企业。而在美国，他这个级别的管理者收入并不是最高的，但是他却感到非常充实，并且认为自己的价值得到了充分体现——这就是“和魂洋才”式经营的魅力。

6. 互利共生是企业生存的基础

企业的发展有三个基本矛盾，即企业与社会的矛盾、企业与客户的矛盾和企业与员工的矛盾。企业与社会的矛盾就是企业发展与环境保护之间的矛盾，即企业不能一味地向大自然索取，也不能过分地破坏它原有的平衡。

稻盛和夫的经营思考中包含着对这一矛盾的思考。20世纪90年代的时候，他针对日本社会和全人类面临的环境危机，提出了“共生循环”思想。其基本含义就是，在保持人类社会、地球、自然界生态平衡的基础上，使人类与自然界形成良性循环，和谐发展。

稻盛和夫认为，“共生循环”的规律在三个层面发挥着作用：第一，人与自己赖以生存的自然环境（包括动植物）构成自然共生循环系统；第二，经营者与股东、原材料供应商、客户、消费者构成社会共生循环系统；第三，发展程度、自然条件和不相同的国家构成国际社会的共生循环系统。

人类依靠大自然的恩赐生存并进行生产活动，但是不能一味地向大自然索取。一味地向大自然索取必然会破坏自然共生循环系统。在自然界中万物间的共生就好像在一个完整的“食物链”上。一旦食物链中的某一环节出现问题，或是动物的灭绝，抑或是环境遭到破坏，都将破坏整个食物链的平衡。人类很多悲剧的产生往往都是这种共生循环的现象遭到破坏的结果。

京都大学名誉退休教授伊谷纯一郎博士曾对一些原始部落以及猩猩的生活习性进行过长时间的观察。有一次，他发现这个部落的人以团体的方式进行狩猎，为了大家都能分到足够分量的食物，所以一般会猎杀野鹿和斑马等大体格动物作为食物。他们在狩猎过程中都会严格遵守一个规则：只要猎到一只动物，整个团队就不再继续找寻猎物，回到村落后就开始分配猎物。

在分配猎物时，他们也会遵循一定的规则：捕到猎物的人是有功者，所以一般会获得最大、最好的一块肉。这个功臣并不会独占这个成果，他会把自己所得的一部分分送给自己的近亲和朋友，然后这些亲人又会如法炮制，把自己的所得分给身边的人。这样，每人都有份，所得大小完全依照与捕获猎物者的关系而定。

伊谷博士曾问过部落的一个年轻人："为何不继续狩猎，直到抓住属于自己的鹿呢？"年轻人答道："为什么要这么做？我所得的虽然只是一小块，但是我们大家都得到足够的分量了。"

从他的回答中可以看出，对于这项丛林法则，部落的每一个人都很满意。

另外，伊谷博士除了在这个部落中观察到了这种生存现象外，在猩猩的生活习性上他也发现有同样的现象。

因为是杂食类动物，在食用水果的同时，猩猩偶尔也会猎杀小动物。同部落村民一样，猩猩在狩猎时也是一同行动的。在它们的狩猎行动中，如果一只猩猩捕杀到了猎物，所有的猩猩都会高兴地跳跃着聚集到一起，并由捕到猎物的猩猩将猎物撕烂分与大家。猩猩的捕猎行动是视实际需求的情况而进行的，它们能够刻意地维持着自然界中各种动物生生不息的局面。

稻盛和夫说："要和谐共存，每个人都应该收起贪婪的心。"他认为，互利共生才是人类生存的唯一法则，部落所依循的"丛林法则"就是他们得以生存的基本法则。

在"共生循环"思想的指导下，京瓷公司非常重视环境保护产业。早在20世纪90年代初期，京瓷公司就开始关注全球的环境问题。他们视解决环境问题为己任。稻盛和夫专门组织员工制定《京瓷环保宪章》，并将其作为环保产业的行动指南。京瓷公司还成立了绿色委员会，专门负责规划和推进环保工作。该委员会是公司内部跨部门的组织，下设很多分会。分会针对环境问题提出具体的措施和方案，上交给绿色委员会审议。根据审议结果，各分会再依据有关法律、法规，制定严格的环境管理标准，开展环境保护活动。比如：削减企业的废弃物、保护大气层、节省能源、防止温室效应等。京瓷集团下属各公司都接受绿色委员会的监督。

京瓷公司还积极开发环保产品，比如耐热性、成型性等方面都具备优势的静谧陶瓷产品。这些产品被运用到各类环保工业设备中，既节约能源又减少有害物质的排放。这些都是京瓷公司与大自然和谐共存的经营理念为指导的生产活动。在这些理念的指导下，京瓷公司还开发了独特的环保打印机、太阳能热水器和太阳能发电系统以及数码相机等环保产品。

稻盛和夫认为，"共生循环"的理念同样存在于与其他企业间的竞争中。他将这种竞争的关系称为竞争中的共生与循环。他指出，企业为了生存，彼此竞争是有必要的。例如，在一个区域内，如果只有一家面店，那么这家面店的生意肯定不会很好，也许没开多久就会倒闭；但是如果这家店的周围陆续开起来很多家面店，顾客就会逐渐地聚起来，结果就是每家店都会有好生意。这就是竞争中的共生。有些企业为了独占生意，会全力阻挠其他的企业开展同类业务，但是他却忽视了，在没有服务和品质竞争的条件下，自己的收益是不会得到提高的。收益没有提高，企业最终只能走向灭亡。

共生循环的理念是自然、人类、社会以及经济平衡发展的基础。同样，共生循环理念也是一个企业得以恒久发展的根基。

7. 企业要担起自己的责任

稻盛和夫说：“我不应该让利益蒙蔽了我的眼睛，不可以完全屈服于‘利’，做出为求利润而不择手段的事。我必须端正行为。所有利润都应是血汗换来的，再把利润投资在品质改良上以满足客户需求。”

稻盛和夫认为，一个企业的利润来自于企业的责任。一个企业之所以能有发展，是因为社会需要它。一个成熟的企业，只要能了解到自己在社会中应该承担的责任，就能够获得利润。

也就是说，只有社会需要企业的时候，企业因为服务社会才可能有生存的机会。企业只要把握好这个机会，用心服务，对社会负责，就能获得利润。如果社会不需要企业，那它没有服务社会的机会，就不可能有生存的机会，更不可能会获得利润。如果企业的利润不是服务于社会的劳动所得，即使这个企业暂时获得了很多利润，它也是存在着巨大的危机，因为企业已经脱离了社会的需要，它被社会淘汰了。企业的失败不是谁让它失败，而是因为企业没有尽到责任，是企业自己造成的失败。

诺贝尔经济学奖获得者弗里德曼曾多次提出“利润即责任”的观点，他指出：“仅存在一种，而且是唯一的一种商业社会责任——只要他遵守职业规则，那么他的社会责任就是利用其资源，并且从事那些旨在增加其利润的活动。这也就是说，在没有诡计与欺诈的情况下，从事公开的且自由的竞争。”

一个企业肩负着社会责任，要对社会负责。企业的利润来自于社会，因此，企业的利润也要服务于社会。

稻盛和夫从创业伊始至今，从没忘记奉献社会。在京瓷发展到第四年时，公司的发展已经很稳定。当稻盛和夫亲自把年终奖发到每个员工手上后，他说了这样一番话：“由于大家的共同努力，企业有了效益，可以发年终奖了。但是世上还有不少穷人，他们过年连年糕也吃不上。所以，如果可以的话，大家从自己的奖金中拿出哪怕是一小部分，公司也拿出同样金额的钱，用来帮助那些穷人。员工们，你们说好不好？”

举袂成幕，挥汗成雨。当人们都来作出一点贡献时，滴水也能汇成海洋。在稻盛和夫的带动下，深受感动的员工们都高兴地把奖金的一部分贡献了出来。从此，京瓷公司举行岁末慈善活动犹如约定俗成一样一直延续至今，甚至根植于京瓷的传统当中。

由此，京瓷“为人类社会的进步发展作出贡献”这个宗旨也就得到了贯彻。

出于“奉献社会、奉献人类的工作是一个人最崇高的行为”的个人信念，稻盛和夫于1985年设立了“京都赏奖”。他投入了200亿日元成立了稻盛财团，对在尖端技术、基础科学、思想艺术等各个领域取得优异成绩、作出杰出贡献的人士进行表彰。因为这种宗旨，京都赏奖已经成为目前能与诺贝尔奖匹敌的国际奖，深受人们的好评。

另外，稻盛和夫在社会慈善事业方面也作出了很大的贡献，也受到了极高评价。在2003年，他被卡内基协会授予了“安德鲁·卡内基博爱奖”，成为第一位获此殊荣的日本人，成为与比尔·盖茨、乔治·索罗斯齐名的世界级慈善家。稻盛和夫说：“财富取之于社会，应该奉献于社会、奉献于人类，因此我着手开展了许许多多的社会事业和慈善事业。”他认为，君子疏财亦有道，用钱本比赚钱难，所以用利他精神赚取的钱应该以利他的精神使用。他希望能用这种方式为社会作出贡献。

企业社会责任可以分为两个层次，一个是基本责任，即企业家要遵纪守法，对员工实现承诺，这是每个小企业都必须承担的社会责任；另一个是崇高责任，企业家要对社会有一个不为名、不为利的奉献，这是一种思想境界的升华。现在一些企业以及企业家们，在一些错误经济理论指导下，以为自己是在真空中发展，连基本的社会责任都不承担，自己一人赚钱，祸害了广大百姓，更谈不上承担崇高的社会责任。一个好的企业在追求利润的同时，还应该追求社会的尊重，追求自己崇高的社会责任。这样才能得到社会的信任，培养与客户的感情，加深客户对企业的忠诚度，从而提升自己的持续竞争力，最终形成对社会、企业都有好处的良性循环发展模式。

刘永行、刘永好兄弟是中国改革开放后第一批发家致富的典型代表，也是中国最活跃、最受关注的企业家之一。28年前，为了让孩子过年时吃上一点肉，兄弟四人卖掉了自行车和手表，凑了1000元开始创业。近30年来，面对数轮让无数企业沉浮起落的商业周期，一个又一个“明星企业”交替登场，一个又一个“问题富豪”黯然倒下，一个又一个暴利产业冷热轮回，而刘永行、刘永好兄弟却一路走来，30年屹立不倒、事业长青，谱写了最为成功的故事，堪称中国民企发展史上的奇迹。

刘氏兄弟虽贵为“中国首富”，在他们的身上从来找不到社会名流和大富豪的派头。他始终操着一口懒洋洋的“川普”，很容易让人联想起福克纳笔下的南方土豪：执着、敏感又不失精明。尽管个人拥有数百亿财富，却从不穿名牌服装，总是乘坐最廉价航班，住低价酒店，顶着半个世纪不曾变换的发型，常与基层员工在餐厅共进午餐，最爱吃的依然是回锅肉和麻婆豆腐。兄弟俩的生活节俭，但对于社会公益事业和慈善事业总是出手大方，动辄几千万、上亿元。

刘永好的身上有着10几个头衔：全国政协常委、全国工商联副主席、中国饲料工业协会副会长、中国乳业协会副会长、中国光彩事业促进会副会长……在众多的头衔中，他最看中的是“中国光彩事业促进会副会长”。

刘永好认为作为民营企业将社会责任，首先就是要把企业做好，企业做好的同时一定能多交税收、一定能解决就业。目前，现在全国430万私营企业，2300万户个体企业，他们解决了可能超过2亿人的就业，这是对国家最大的责任，对社会最大的责任。除了税收、就业以外，私营企业还向社会提供了全方位的一些需求。现在都感觉到社会生活方便了，而这些方便跟私营企业所做的贡献相关，这是一个方面。另一方面，当企业逐步做大、做强以后，社会责任就应该更强一些。

刘永好先生亲身感受到了任何一个企业能够发展、做大，离不开整个社会的帮助，而企业回赠社会、承担起社会责任是义不容辞的事情。2005年6月，四川资阳、内江等地区传出猪链球菌病疫情，消费者“谈猪肉色变”。许多网站、媒体，开始进行对“希望”饲料的“有罪逻辑推理”，新希望集团显得有些手足无措。这时，卫生部、农业部联合发布消息称，高温高湿、气候变化、圈舍卫生条件差等应激因子是诱发猪链球菌病的主要因素。这才让新希望集团走出“蒙冤之困”。禽流感袭来，对新希望集团再次带来重大冲击。新希望集团通过按原合同购买家禽、销售饲料让利三分之一给养鸡的农民、并派出5000多名接受过大学教育的农业技术人员，到农村去帮助农民防病治病，普及防禽流感的知识。

这三项费用加起来接近1亿元。“企业积极承担社会责任，从短期来看，会带来一定的经济损失，但从长期来看，企业也得到了社会的信任，培养了与客户的感情，加深了客户对企业的忠诚度，从而提升了自己的持续竞争力。”刘永好算明白承担社会责任与企业经营发展的大账。这笔账算得好，算得精明。

刘永好宣称，“新希望新农村扶助基金”将在未来5年里，为我国贫困地区的100个行政村捐建100所新农技推广站、博爱卫生屋、阅读培训屋以及红十字会医疗站，以上设施的建设模式由新希望集团根据当地实际情况进行统一规划设计，建成后将移交给中国红十字会或当地村镇。

此外还将在该基金打造的平台下，扩大每个养殖户的养殖规模几十倍甚至上百倍，实现新希望农牧体系的目标：通过3–5年的努力，联系帮助100个村，通过组建养殖合作社和其他形式，帮助和带动约100万农民加入产业链体系，农民的纯收入要超过100亿，同时把新希望集团打造成“世界级农牧企业”，销售过500亿元。

在自由市场里，利润是社会给予有功者的嘉许。所以，一个企业，想要获得更大的利润，首先就要承担起自己的责任，无论是对社会，对客户，还是对员工，只有将自己的责任担负起来，利润才能跟着企业跑。

第六章

高效益经营
——销售最大化，成本最小化

为做到“销售最大化、经费最小化”，开动脑筋，千方百计，从中才会产生高效益。

——稻盛和夫

1. 削减成本是制胜的法宝

如何才能降低成本呢？大多数企业都会选择降低员工的薪资待遇或者直接裁员以减轻企业的资金压力，降低企业成本。但稻盛和夫告诉经营者们，这样的做法不可取，应该在设法提高每个人的工作效率的同时，对其他各种成本费用进行削减。

稻盛和夫常常自问："现在的做法真的没问题吗？还有没有进一步削减费用的办法呢？"他对各个方面进行研究，以找到改善传统效率低下的加工方法，并对不必要的组织结构进行重组或合并，达到彻底合理化。另外，稻盛和夫还会压缩原材料、辅助材料和委托加工费等所有进货的价格，在削减经费中达到压缩成本的目的。稻盛和夫甚至建议"走廊里的灯关掉，厕所里的灯也关掉"，从多方面人手，与员工共同努力从各个方面来削减经费。

稻盛和夫常说："抛开常识，以求想法的转换吧！"他是在告诉企业经营者们，要重新审视自己一贯的做法和方法。同时他也要求作为企业的领导干部，应该带头把这些合理化计划彻底地付诸到改革中去，并且向全体员工宣传削减经费之所以重要的原因，这样的重申会给员工带来危机感，在理解这些做法的同时，公司上下才能一起克服萧条。

也许我们会认为削减成本的做法是企业在萧条的经济环境中求得生存的无奈之举，其实不然。稻盛和夫认为，萧条时期是企业降低成本的好机会。因为在经济景气时客户的订单多，大家都在忙于生产，很难实现降低成本的目的。但是在萧条期，没有了退路，为了将企业经营下去而鼓励大家一起努力减少费用，就会更容易实现。

稻盛和夫强调，在萧条中利用降低成本等办法保持赢利的企业，在经过萧条的考验后，销售额将能增加三成、五成，甚至一倍，利润也会大幅攀升，企业就会成为高收益企业。也因此，稻盛和夫认为萧条时期是企业实现再次飞跃的助跑期，企业经营者必须将萧条当作机会紧紧抓住。

神舟电脑是目前国内唯一具备电脑主板和显示卡两项自主研发能力的整机制造商。电脑整机包括光驱、软驱、硬盘、内存、CPU、显示卡、主板等7大核心部件，国内多数电脑厂商的7大部件全部依赖进口，而神舟电脑所采用的奔驰主板和小影霸显示卡，一直是其自主研发制造并在电脑配件市场占有率第一的著名品牌，其自主研发带来的是整体制造，可使其成本比起国内其他厂家低两成左右。显然在这些竞争对手面前，神舟电脑已经显示出其价格上的优势。

其实神舟电脑的低价格优势，来的也并不容易，归纳起来，主要是三大因素共同作用的结果。

第一个因素得益于上游产业链。神舟电脑的母公司新天下集团本身是DIY市场的龙头老大，具备研发和生产主板与显卡的能力，而正是由于在这两个重要部件方面采用的是自己的东西，所以神舟电脑可以在此节约大量成本。

第二个因素是私营企业的性质决定了神舟电脑在每个可能的地方都“很用心地控制成本”。据悉，在库存管理上，神舟从买任何一个零配件到下线，最多只需要2周的时间，一般只有1周。据不完全统计，神舟电脑靠这些方面费用的节省，为它带来5%～10%的成本下降。

第三个因素就是渠道的扁平化。所谓“扁平化”渠道，就是神舟电脑在北京、上海、广州、南京等9个大城市设立了子公司，经由遍布全国的近千家专卖店，一台神舟电脑从生产线下线到消费者手中，中间只经过一个环节。所带来的结果是，产品的价格能够反映出合理的利润，而不是经过一级一级经销商的“分羹”，导致消费者手中的产品价格层层增高。

许多人认为技术是核心竞争力，但有技术的企业不一定能成功。核心竞争力的关键在于企业在行业内的生产力水平是否具有比较竞争优势。所以，核心竞争力可以理解为比较竞争优势。

事实上，最先发动价格战的总是那些具有成本领先优势的企业。在当前我国企业普遍缺乏核心技术，创新能力不够，产品同质化程度较高，价格竞争成为最普遍的手段的情况下，成本领先战略在赢得竞争优势方面效果是明显的。

也许正是相中了这一点，神舟电脑在其快速发展的进程当中，低价格便成为了其最大的卖点。神舟电脑之所以价格低廉，是因为从研发开始，到采购、生产、销售和售后等所有环节的成本控制都做到足够好，才形成了总成本领先的核心竞争力。

降低成本是企业管理者的心头大事。低成本和高效益之间并非是矛盾的，优秀的企业管理者总是能够凭借低成本获得高效益。

参观丰田工厂的人可以看到，它和其他工厂一样，机器一行一行地排列着。但有的在运转，有的都没有启动，很显眼。于是，有的参观者疑惑不解："丰田公司让机器这样停着也赚钱？"

不错，机器停着也能赚钱！这是由于丰田公司创造了这样的工作方法：必须做的工作要在必要的时间去做，以避免生产过量的浪费，避免库存的浪费。

原来，不当的生产方式会造成各种各样的浪费，而浪费又是涉及提高效能增加利润的大事。

丰田公司对浪费做了严格区分，将浪费现象分为以下七种：

1. 生产过量的浪费。

2. 窝工造成的浪费。

3. 搬运上的浪费。

4. 加工本身的浪费。

5. 库存的浪费。

6. 操作上的浪费。

7. 制成次品的浪费。

丰田公司又是怎样避免和杜绝库存浪费的呢？许多企业的管理人员都认为，库存比以前减少一半左右就无法再减了，但丰田公司就是要将库存率降为零。为了达到这一目的，丰田公司采用了一种“防范体系”。

就以作业的再分配来说，几个人为一组干活，一定会存在有人“等活”之类的窝工现象存在。所以，有人就认为，对作业进行再分配，减少人员以杜绝浪费并不难。

但实际情况并非完全如此，多数浪费是隐藏着的，尤其是丰田人称之为“最凶恶敌人”的生产过量的浪费。丰田人意识到，在推进提高效率缩短工时以及降低库存的活动中，关键在于设法消灭这种过量生产的浪费。

为了消除这种浪费，丰田公司采取了很多措施。以自动化设备为例，为了使各道工序经常保持标准手头存活量，各道工序在联动状态下开动设备。这种体系就叫做“防范体系”。在必要的时刻，一件一件地生产所需要的东西，就可以避免生产过量的浪费。

在丰田生产方式中，不使用“运转率”一词，全部使用“开动率”，而“开动率”和“可动率”又是严格区分的。所谓开动率就是，在一天的规定作业时间内（假设为8小时），有几小时使用机器制造产品的比率。假设有台机器只使用4小时，那么这台机器的开动率就是50%。开动率这个名词是表示为了干活而转动的意思，倘若机器单是处于转动状态即空转，即使整天开动，开动率也是零。

“可动率”是指在想要开动机器和设备时，机器能按时正常转动的比率。最理想的可动率是保持在100%。为此，必须按期进行保养维修，事先排除故障。

由于汽车的产量因每月销售情况不同而有所变动，开动率当然也会随之而发生变化。如果销售情况不佳，开动率就下降；反之，如果订货很多，就要长时间加班或倒班，有时开动率为100%，有时甚至会达120%或130%。丰田完全按照订货来调配机器的“开动率”，将过量生产的浪费情况减少到最低，就出现了即使机器不转动也能赚钱的局面。防范体系使丰田实现了零库存管理，丰田的产品成本降到了最低。

控制成本是企业管理者素质之一，赢利能力也是素质之一。企业管理者一定要时刻紧绷成本这根弦，想方设法“既要花得少，又要赢得多”。

2. 定价就是经营

定价就是经营，定价是领导应该履行的一项职责，定的价格应该既要被顾客所接受，又能使企业赢利。

决定出价格以后，究竟能卖出多少产品，能够获利多少，是难以预测的。定价如果太高，产品无法卖出，定价倘若太低，虽然畅销但也没有赢得利润，总之定价如果不合适，企业就必然会遭受很大损失。

因此，首先要对产品价值有一个正确的判断，争取寻求利润的最大化，据此来定价，稻盛和夫认为这一点应该是顾客能够接受的最高价格。而作为经营者，必须要看透这一定价点。

但是即使该价格卖出了，也未必就表明经营一定顺当。尽管以顾客乐意的最高价格出售了产品，但最终却看不到利润的情况也是屡见不鲜的。

问题在于，在已经设定的价格下，如何才能挤出利润。以生产厂家作为例子，假如跑销售的只是一味地以低价获取订单，那么制造部门即使再辛苦也不能获利，所以必须以尽可能将价格提高进行推销，但是确定了价格后，如果依然没有获利，那就属于制造方面的责任了。

但是，大部分厂家都是以成本和利润的相加来定价格，日本的大企业大多都是采用这种定价方式，但在激烈的市场竞争中，卖家无法掌握市场，成本加利润所定出来的价格，由于偏高而卖不出去，无可奈何之下而降价，预想的利润就没有了，非常容易陷入亏损状态。

因此，稻盛和夫给技术研发人员这样定位，你们也许认为技术员的本职工作就只是研究新产品、开发新技术，但稻盛和夫认为这是远远不够的，只有在开发的同时，认真考虑如何才能使成本降到最低才有可能成为一个称职优秀的技术员。定价必须要深思熟虑地斟酌和权衡，努力使利润最大化。

下面我们就来看看在阿米巴经营模式下，京瓷是如何为自己的产品和服务进行定价的。

（1）每一个阿米巴都是一个小的利润中心

在阿米巴的经营模式下都是以工序间的产品流动作为制造成本来结算价格的。而在事业部的制度组织之中，各个阿米巴之间也可以以市场价格为基准进行交易，但是阿米巴内部的工序之间的产品交付就必须以制造成本为基准——无论何种情况下，阿米巴的定价基础都是在前一道工序的成本上简单地加上自己的工序所消耗的成本。简单地说，就是各个工序只承担成本责任。

在京瓷集团中，就算最基层阿米巴之间的工序交流也不是基于成本价的单纯交付，而是按照双方协定的价格进行相关的交易。在阿米巴经营模式下，每一个阿米巴都是一个小的利润中心，他们都需要通过和其他的阿米巴进行交易来获取利润。换句话说，也就是每一个阿米巴都承担着单位时间核算的责任。

（2）定价一般由阿米巴的领导人自己来决定

在京瓷集团中，如何定价一般都是由阿米巴的领导人根据本人的意愿自行决定的，这也是京瓷集团的定价原则。可以说，在京瓷集团中，阿米巴领导人的意愿是定价的关键因素。甚至可以说，阿米巴领导人肩负着决定阿米巴生死存亡的使命，因此阿米巴领导人在进行价格交易的时候，必须有自己的想法。

稻盛和夫常说：“定价才是阿米巴的经营之本。”在现代企业中，定价的方式有很多种，比如说我们最常见的有薄利多销和厚利少销。稻盛和夫认为：阿米巴领导人在为产品或服务定价的时候，看清客户能够爽快接受的最高价格才是定价的关键。对于企业而言，因为业绩在很大程度上是由定价决定的，因此对于阿米巴领导人来说，定价是一项责任重大的事情。

在阿米巴经营中，定价并不仅仅限于同外部客户进行交涉，在阿米巴与阿米巴之间的交易中也同样适用。

（3）定价体现阿米巴领导人的经营头脑

凭借着商人的头脑和其他的阿米巴进行交易是阿米巴领导人所必须具备的素质。

假如一个基层的阿米巴接到了一个1000件订单的半成品A业务，而按照以往的20日元的单件价格去接受这个订单就会产生亏损的话，那么在这种情况下，领导人就必须考虑该如何处理这个订单了。事实上，解决这个问题的方法有很多种。比如说这个阿米巴能够同时以30日元的单价拿到500件半成品B的订单业务，那么其在采购半成品A和半成品B的通用原材料上就能够省出一笔钱来，综合下来成本就降低了，这样一来还能够保证阿米巴的赢利。该阿米巴的领导人如果能够和基层阿米巴的其他领导人再进行合作，那么这笔交易就能够获得更大的利润。所以说，很多即使刚开始觉得不赢利的订单，只要阿米巴的领导人能够发挥自己的智慧，那么照样可以赢利。

在阿米巴经营模式下的定价也能够让阿米巴领导人掌握一种重要的能力——正确把握良品率。这也是阿米巴领导人必须具备的一项重要能力，因为良品率的计算关系到基层阿米巴从上游阿米巴采购材料的数量。假如说，一个基层阿米巴的领导人认定自己的产品良品率为98%，那么这个阿米巴每生产100个合格的产品就需要购买102个产品所需要的材料，但是其实际的良品率只有90%，那么就必须追加原材料的采购数量，这也从侧面反映出阿米巴的领导人没有准确地把握好良品率。反之，如果该阿米巴的实际良品率是100%，那么其每生产100个产品就会有2个产品的原材料被搁置，这2个产品的原材料就占用了阿米巴的流动资金，所以这也是一种资金利用率低下的表现。

当然，在阿米巴经营中，阿米巴与阿米巴之间的交易并不是只用冰冷的数字去衡量的，事实上还有很多的感情色彩。在上述的例子中，假如最后多出来的那2个产品的原材料被其他的阿米巴采购了，那么就避免了浪费。这种合作能够加深阿米巴之间的交往，使得他们在以后的合作中更深入、更广泛。

总而言之，发挥自己的商业头脑是阿米巴领导人在定价过程中必须掌握的一项能力——只要能够找到赢利的方法，就能够让阿米巴的业绩表现得更好。

（4）定价必须符合交易双方的意愿

在京瓷集团中，阿米巴之间的交易也经常出现谈不妥的情况。一般来说，在遇到这种情况的时候，由上级阿米巴的领导人出来进行调节。比如说，系级的阿米巴发生矛盾纠纷，这个时候就会由科级的阿米巴领导人出来调解纠纷。

通常来说，上级阿米巴在进行调解的时候，也要考虑产生矛盾纠纷的两个阿米巴领导人之间的意愿，不能够以自己的主观意愿强加给交易的双方。所以，一般上级阿米巴领导人出面进行调解的时候，都会反复和交易双方的阿米巴领导人进行沟通，直到双方满意为止。通常来说，上级阿米巴的领导人都熟知市场趋势，并且能够非常客观地判断出定价一方提出的意愿是否合理，最后让双方意见取得一致。所以，稻盛和夫说："当两个阿米巴的领导人因为价格而争吵不休的时候，上级领导人千万不能因为自己是上级领导就不顾交易双方的感受自己去定价，这是严重违背阿米巴交易原则的做法。如果上级阿米巴领导人把自己制定的价格强加给下级阿米巴，那么下级阿米巴领导人到时候就会说'就是因为上级领导人制定的价格不好而导致我们的业绩不好'。所以，上级阿米巴的领导人在调解价格纠纷的时候，必须认真分析交易双方的主张是否合理，为什么合理？应该时刻抱着我没有定价权只有监督权的态度，毕竟定价关系到阿米巴的生死，作为上级阿米巴的领导是绝对不能够乱定价的！"

（5）引导双方达成一致

在京瓷集团中，纠纷经常发生在制造部门和销售部门之间——"没有办法啊，客户只能够接受这个价格了"，"那我们制造部门会赔死的"，诸如此类的争端在京瓷集团中一直屡见不鲜。

对于这类由定价问题引起的争端，京瓷集团一直提倡上级阿米巴领导人要进行有效的引导——引导双方达成一致，从而解决定价纠纷。

手冢博文在经营太阳能业务的时候曾经因为日元升值而导致赤字。在事情发生之后，手冢博文立刻召集销售部门和制造部门进行会谈。当时，日元升值引起的赤字已经让销售部门和生产部门产生了严重的纠纷，销售部门为了继续吸引客户希望维持原来的价格，但是生产部门却因为进口原材料价格的上涨而希望提高销售价格。

在了解了这一纠纷的原因之后，手冢博文并没有急着去做什么，而是直接去咨询经常订购的客户，并且将提价的原因进行了阐述。结果，客户们也都理解京瓷的调价并不是自行调价，而是因为原材料的价格上涨。事实上，早在日元升值之后，客户们就已经做好了京瓷上调价格的心理准备，而现在生产部门提出的价格恰好在他们接受的范围之内。在从客户那里得到了价格信息之后，手冢博文便以生产部门提出的价格作为销售价格，从而将销售部门和生产部门的定价纠纷彻底地解决掉了。可以说，手冢博文的这种有效的引导，既可以让交易双方信服，又能够明确各自的努力方向。

定价，这是任何一个企业都需要去做的一件事情，因为定价的高低关系到企业的利润。换句话说，一家企业的商品或服务的定价成功与否，是决定企业能否实现赢利经营的关键因素。在阿米巴经营中，稻盛和夫一直都非常强调定价这一关键因素，他说："京瓷的产品和服务必须定出一个合理的价格，这个合理的价格就是京瓷长盛不衰的关键原因，所以我们千万不能轻视定价，每一次定价都应该努力去分析，找出那个合理的价位。"

3. 光明正大地追求合理利润

一个企业从策划到诞生再到谋求长远发展，其初衷都是为了赚取利润、积累财富。但是，所有的经营者都必须认识到，牟取暴利、一夜暴富绝不是企业发展的长久之道；没有合理的经营途径，导致企业亏空、出现赤字也不是企业的发展目的。只有追求合理的利润才是每个企业发展壮大的正确道路。

京瓷公司创办至今，历经半个世纪之久，累积了丰富的经验。稻盛和夫看待利润也有自己的独到之处。他认为，利润在自由市场中，是社会给有功者的嘉许。为了企业的生存和员工的生活，企业经营者不得不追求利润。自由市场的原则就是竞争，经营者追求利润并不可耻，但是经营者所获得的利润应是正当经营所应得的报酬。经营者为满足顾客的需求，而生产出高价值的产品，但又要尽量设法降低价格，以减轻顾客的负担。为此，经理人和员工都付出了巨大的努力，获得利润是一种特有的殊荣。

对企业而言，追求利润是正常的经营行为，但是经营者不能被追求利润的思想所左右，而应该让利润跟随着自己的经营步伐。所有增加企业收入的途径只能是不断地努力，这样，利润才会如细水长流源源不断。企业不断增加收入，同时尽量减少经营的支出，这是获取利润的正确有效方法。虽然这听起来好像获得利润是一件很容易的事，但实际上方法往往体现着一个企业中经营者的管理思想及策略。企业会按照经营者的意志发展，企业的经营方式能反映出经营者的个性。一个企业经营者能用极大的意志力和创造力使收入最大化、支出最小化，就说明经营者具有强大而明确的“企图心”。

在商业社会中，往往有很多企业者以身试法，在追逐利益的游戏中截断了自己的发展之路。稻盛和夫认为，经营者不应该让利益蒙蔽了自己的双眼，不可以完全屈服于“利”，以至于做出为求利润而不择手段的事情。经营事业必须端正行为，所有利润都应是血汗换来的，然后再把利润投入到品质改良上以满足顾客的需求。不要妄想凭借不法的手段一夜致富。在第一次石油危机中，有些经营者为了攫取暴利，就任由公司囤积货品、提高价格。然而，在这些唯利是图的企业家中，有多少人将经营延续到了今天？

稻盛和夫认为，企业的利润来自正当经营的合理收益，但是其真正利润是企业必须支付合理的支出后所剩的价值。比如纳税，企业存在于一个国家的经济发展体系之中，纳税是其应尽的责任。但是，作为应尽的责任，一些经营者却并没有充分认知。某些赢利甚丰的企业，为了减少企业应缴的所得税而刻意组织一些不必要的支出（比如组织一些奢侈的旅行）来降低企业收益从而减少纳税。确实，一个企业将自己辛苦获得的收入缴纳出去，犹如割肉一般心疼，在心理上需要跨过一个门槛，而正是此时，显示了企业家修为的差别。

稻盛和夫对此也深有体会，他觉得对管理者来说，纳税是无奈但却必须要做的事情。企业每年所缴纳的税款，占企业辛苦得来的利润的一半以上。即使有些利润只是待收款，或是其他非现金的方式，经营者还是要以现金纳税。对此，稻盛和夫曾感慨地说："赋税可真是残酷！"对企业经营者而言，这好比有人偷了他们的积蓄，于是也就成为许多经营者千方百计逃税的原因。

虽然对纳税会产生一定的排斥，但稻盛和夫还是告诉企业的管理者，应该用无私的眼光看待企业赚取的利润。公司所得的利润并不属于管理阶层，因为利润获之于社会，所以也应该以纳税的形式还之于社会。以隐瞒利润的方式来达到逃税目的的行为是相当自私的。

缴纳完税款后的利润是企业真正应该获得的利益，也是累积企业资产的有效组成部分。当累积了大量的资产，并提高了无固定利息股票的比例，企业就能发展壮大。虽说缴纳税款的数额会逐渐增多，但这说明企业的获利能力是在不断提高的。作为企业经营者，应该将税款列入公司的必要支出项目。

把纳税当作是企业的必要支出，并帮助企业所在的社区获得发展，这是稻盛和夫对纳税终极目的与意义的认识。他认为，经营者应该客观地看待所得到的利润。利润只是比赛中的一个等级或分数，也是社会对经营者的贡献所给予的认可和奖励。以这种心态看待利润，经营者在面对利润时就会比较客观，占有欲也就不会那么强。换句话说，只有税后的净利才是真正的利润，才是经营者努力工作后的唯一应得。所以纳税是所有企业正常而必要的开支。

即使企业利润的一半以上都用来纳税了，但是如果我们把纳税看成了企业的必要支出项目时，看待缴税的心境就会改变，毕竟缴税后剩下的部分还是留在公司的。这是稻盛和夫教给每个经营者看待利润的重要心得——企业经营的真正精神就在于珍惜税后的利润。

稻盛和夫的这些经营思想和管理策略，形成了京瓷的一个重要理念：

“作为企业，不追求利润就无法生存下去。追求利润既不是什么可耻的事，也不会违背做人的基本道理。在自由经济的市场上，通过竞争决定的价格就是正当的价格，以这个正当的价格堂堂正正地做生意所赚得的利润，当然就是正当的利润。在严峻残酷的价格竞争中，只有为追求合理化、提高附加价值而付出不懈努力，才能赢得利润。不积极地为顺应顾客的要求脚踏实地努力工作，光靠投机和不正当的手段，贪图暴利，梦想一下子发大财，这样的经营观点尽管风行于世，但京瓷公司的经营之道是：自始至终坚持光明正大地开创事业，追求正当利润，多为社会作贡献。”

这是稻盛和夫给企业经营者的忠告。要想获得长远的利润并使企业得到更大的发展，就应当在企业发展的规划中，光明正大地追求利润。而要使企业有长远的发展并取得不断壮大的前景，就要合理地看待利润。

4. 经费最小化，利润最大化

企业能否壮大是靠其赢利的多少来决定的。使收入达到最大化的同时做到支出最小化，这是一个企业成功的基本途径。稻盛和夫就是把“追求销售额最大化和经费最小化”作为自己的经营原则。虽然这是一条非常简单的原则，但稻盛和夫坚信，只要忠实贯彻这一原则，京瓷就可以成为拥有高收益体质的优秀企业。

一个企业应该努力将自身打造成为“高收益”体质的企业。何为“高收益”？自然是一个企业销售的利润率越高，其收益就越高。稻盛和夫创办京瓷公司的第一年，税前的销售利润率约为10%。而在当时，对于一般的大型制造业企业而言，利润率如此低，就只有被淘汰的结果了。因为在经营环境变化很大的情况下，利润率低，就意味着企业不稳定，也就难于应付很多实际状况。在这种情况下，稻盛和夫开始认真思考，制造业应该达到多少利润率才算合适、才能使企业具备高效益呢？

后来，基于对银行利率的思考与分析，稻盛和夫意识到，企业赚取的利润率至少应该达到银行利率的一倍以上才能赢利。在自由经济环境下，无论什么行业，要想获得高收益、实现较高的利润率，都要在销售和生产方式上下苦功，都要通过拼命努力去提高利润率。稻盛和夫认为，企业税前利润率至少达到10%才能称得上经营，而利润率至少要达到15%~20%，才能算是高收益。

人们基于常识的认知，常会产生这样的理解，即随着销售量的增加，自然会带动生产成本和经费的支出。但稻盛和夫觉得这种惯常思维模式是可以通过努力来打破的，只要开动脑筋，尝试多种方法就会从中产生高效益。稻盛和夫举了一个例子：假设一个企业目前的销售额是100万日元，为此就需要有一定数量的人员及生产设备，但是如果销售额增加到150万日元，那么通常在现有的人员和设备基础上，需要相应增加50%的人力和物力。但是如果通过这样的方法来进行经营，企业就不可能达到高收益的目的。那该怎么办呢？销售额增加了50%，一定会需要增加人力和物力，但是，如果下功夫提高生产效率，将人员和设备的增加控制在20%~30%之内，就等于提高了企业收益。当然，在销售额、订单量大幅下降时，也需要在费用成本上狠下功夫，那样就能控制利润的下降幅度，也是实现并维持企业高收益的途径。

这种最小成本的经营原则，就是稻盛和夫总结经营获利的一大要点。亦即，企业要获利就一定要尽量缩减成本。稻盛和夫分析认为，要降低制造成本必须去除一切先入为主的概念和常识，仔细核算原料费用、劳工成本、管理费用等是否能控制在合适的百分比。我们一定要考察每一个细节，并尽量缩减不必要的开支，用最省钱的方法来制造最优质产品，这样才能达到符合市场要求的价格与质量。这也就是人们常说的“省钱就是赚钱”。

当时的松风工业存在一个很奇怪的现象：虽然有时工资不能按时发放，但加班费却一定不会缺钱。于是，加班费就变成了员工的生活费，混加班费在松风工业蔚然成风。可是稻盛和夫却不支持这种行为，他旗帜鲜明地表示了自己的反对意见。别的部门在空闲的时候，有的部门却在公司无所事事地“加班”，而稻盛和夫所带领的“特磁科”恰恰在松下发来大批订单、任务繁忙的时候，却向他们提出了“禁止加班”的要求。

稻盛和夫当时的想法很简单：要想增强产品的竞争力，就应该学会控制成本；若想控制成本，就必须禁止混加班费的局面。只有当产品具有了一定的价格优势之后，销量增加，公司事情也就会多起来，即使不想加班也不得不加班了，这样的加班才有价值，在此之前必须对加班严格控制。

稻盛和夫的想法是很正确的，道理也非常的简单，但说到“禁止加班”，部门下属就大加反对，同时也遭到了工会的反对，工会主席甚至对稻盛和夫大加指责：“你是什么东西？你又不是管理干部，你凭什么来乱发指示？”稻盛和夫顶住压力，心平气和地说：“让新产品赢得市场是最重要的，所以必须保持产品的成本优势，决不能乱付加班费。”

稻盛和夫的想法最终得到了大家的赞同，获得了胜利。他之所以能取得胜利，还有另外一个非常重要的原因，那就是在对于加班费的问题上，稻盛和夫的谈话非常具有说服力。他以身作则，虽然他几乎天天都在加班，通宵达旦地进行实验研究，但他却从来没有领取过一分钱加班费。所以，某种程度上，大家是被稻盛和夫的人格魅力征服的。

每个企业都在不同程度上出现浪费这个痼疾，因此解决浪费是改善一个企业经营状况的当务之急。浪费会使得企业的生产成本和经营成本都无法降低下来，长期看不到利润，甚至还会出现负增长的情况。在当今时代，企业只有做到不浪费，才能在激烈的竞争环境中站稳脚跟。

稻盛和夫在经营京瓷公司时，在新技术开发与研究方面，总是激励技术人员把好研究关，这也是他降低成本的一个渠道。在他看来，技术人员除了做好开发新技术的本职工作外，还应该在开发产品的同时认真考虑降低成本，这样的技术员才是称职的、优秀的。

控制生产中的成本是可以通过多个途径来实现的，在稻盛和夫的经营策略中，就有一条“肌肉性质的经营”原则。所谓“肌肉性质的经营”就是指，必须抛掉企业里所有的“赘肉”，让企业的“血脉”四通八达，同时要让企业不断地处于活性化的状态，从而以更加结实的“肉体”进行日常的经营活动。我们知道，人要想拥有健康的体魄，就一定需要血脉畅通、肌肉发达，不可以任由脂肪堆积，因为肥胖往往是身体产生毛病的根源。企业也是如此，多余的“脂肪”和“赘肉”必须要清除，不能让销路不畅的库存变成无效资产。稻盛和夫用他经营京瓷公司的经验告诉经营者们，推行“即时即用”的采购原则是防止库存积压的好方法，即在需要的时候才购进所需要的材料，而且要遵循适量的原则。

一般情况下，企业为了省时省工，防止原材料市场的波动，一次性购买在价格上的优惠，会集中地、大量地采购原材料，以达到降低生产成本的目的。然而，稻盛和夫并不主张这种做法，他告诉我们，这是认识上的一个误区。首先，如果一次性购进了大量的材料，会增加企业的管理成本；其次，还可能因为原材料过时而产生浪费；再次，就是不能让员工更注意节约使用——往往员工看到有很多原材料的时候，就会大手大脚地使用，造成不必要的浪费。而“即时即用”的采购原则会使生产线上的员工们产生节约使用的心理，也省去了企业的管理麻烦。

稻盛和夫在经营京瓷近半个世纪以来，对固定资产的投资一直慎之又慎。他深知投机行为不可取，只有通过“流汗”的方式，才能为企业和社会创造价值。这种“即时即用”的购买原则，为他的企业带来了很多的利益。

京瓷公司创办之初，稻盛和夫总是在接到订单后才购买相应的设备，而且他往往选择一些较旧但符合生产标准的机器，其实这就是一种成本的节约，是值得很多经营者借鉴的经验。不轻易购买设备的经营方式，自然会令员工们感到不解，稻盛和夫解释说：“在捉到小偷之前就准备好绳子，绳子只能在仓库里存放着，是一种浪费，因此，捉住小偷之后再编绳子才最有效率。在没接到订单时就准备好生产设备，只能造成浪费，有了订单再买设备才最有效率。”

稻盛和夫所用的这些方法也可以概括为“量入为出”的经营原则，即一种最小成本的经营策略。在经营的过程中，稻盛和夫总自问：“现在的方法真的好吗？难道没有更能削减经费的方法了吗？”在对这些问题的不断思考中，就能找到进一步缩减成本的方法以及更有效的节约途径。

稻盛和夫的这些经营策略都是在经营的过程中总结得来的。京瓷公司刚创建后不久。便开始与松下电器公司进行了合作，合作中的摩擦也是稻盛和夫成本意识得到强化的原因之一。

松下公司向来善于精打细算，每次给京瓷下订单时，业务人员总是提出要求：“大量生产，效率提高了，该降价吧！”这种精于成本的管理和业务人员的成本意识深深地触动了稻盛和夫，他认识到，只要有一家公司的原料价格比他们低哪怕一块钱，就说明他们的努力不足，需要继续加油。

稻盛和夫经营京瓷期间，公司的利润率几乎始终保持在两位数，有时甚至高达40%。“追求销售额最大化和经费最小化”的经营原则，可以说是京瓷公司经营数十载始终保持高收益的重要原因之一，正是在此基础上，京瓷公司获得了丰厚的利润反馈并维持了长期的高速发展。

5. 萧条期也可以赢利

萧条时期，企业的竞争就显得更加激烈，订单数量和单价都会急剧下降，这时如果仍然维持利润，就不得不压缩成本。一般人都认为这是不太可能的。

“现在的做法可行吗，怎样才能进一步削减费用呢？”对各个方面进行重新研究，对传统的效率低下的加工方法进行彻底地改变，合并或者是摒弃不必要的组织，在每一个环节上都实现合理化，坚决压缩成本。

萧条时期竞争激烈主要表现为价格在不断下降，按之前的成本做，肯定是要亏本的，所以必须下决心将成本压到最低。

景气的时候订单比较多，即便是要降低成本，也不太可能。因此，正好借萧条期这样一个机会降低成本。萧条期费用如果再像过去一样，企业就很难再经营下去了。既然无路可退，只好大家一起努力将费用降到最低。

萧条时成本被压缩的程度，也会对萧条期以后企业的经营和成长的可能性造成直接影响。萧条时同行业之间的竞争更加激烈，价格会疯狂下降，在这种情况下如果仍然要实现赢利，这样的成本和企业体质，在萧条期结束后，销售额出现回暖时，利润就非常可观。

稻盛和夫总强调如果一个企业没有实现10%的利润率，就算不上真正的经营，但是正因为经历了萧条期的洗礼，才迫使经营者想方设法地压缩成本，这在无意当中也就形成了高收益的企业体质。“因为萧条，亏本也是无可奈何的事。”如果对企业的生存和发展报以这样的态度的话，那么即便经济得到了复苏，利润恐怕也是非常微薄的。

但平时已经在大力削减成本了，如果再要进行大幅的削减，一般人都会觉得极其困难，这是一种很错误的观点！“没什么不可能！”看似干了的毛巾如果再用力绞，还是会有水分被绞出来的，要努力彻底削减成本。

人工费是不能随便降低的，因此就要提高每个员工的工作效率，一切都要进行重新审视，各方面的费用都需要经过彻底削减。

“现在的制造方法还存在不合理的地方吗？所需要的材料还可不可以再便宜一些？”重新审视过去的工作方法，然后从根本上进行研究改进，对企业中的每一个环节进行全面性变革，这一点是非常重要的。不但要对制造设备等硬件进行重新审视，在组织的统合、废除等软件方面也要进行大刀阔斧的改良，实现彻底的合理化，将成本费用削减到最低。

萧条时企业间竞争非常激烈，价格会出现大幅度的下降，在这种价格下实现赢利，必须将成本降到最低，使之即使在价格全面降低的情况下，仍能做出利润，假若能够做到这一点，那么等到景气复元，恢复订单的时候，利润率就会大大增加。

若想企业在萧条期仍然能够赢利的话，只能凭借控制成本这一点。即便是销售额减半仍能做到赢利，只要能打造出这样的企业体质，当度过萧条期以后，销售额又恢复正常时，企业就会实现比之前更高的利润率。

就是说在萧条期，在价格全面压低、销售额受到重大冲击的情况下仍能实现利润，一旦形成这种肌肉型的企业体质，当社会萧条期过去以后、销售额恢复正常时，就会跃然成为高收益企业。

萧条期正是增强企业内部机制的绝佳机会。景气的时候订单会接二连三而来，为了在交货期内保证完成这些订单就必须要全力以赴。即便是想要削减成本，员工们也不可能认真贯彻实行，但到了萧条期，全体员工的态度就会认真对待了，他们会努力降低成本。从这个意义上说，只有萧条是促使企业对成本进行彻底压缩的唯一的机会。

倘若这样思考问题，那么萧条降临的时候，企业会努力将成本削减下去，从长远来看，这对于企业将来的发展有百利而无一害，事实上，这正是企业为了再次飞跃而采取的积极正面的措施。

相反，“因为是萧条，亏本也是无可奈何的事”，面对困境束手无策，没有做出积极的应对措施，那么即便是萧条期过去了，公司的盈利情况也不会太乐观。这种企业的经营是非常不稳定的。

把握住萧条这个机会，同企业员工全策全力地进行重新研究和改进，对成本进行彻底的压缩，“关掉走廊上的灯可以降低成本”“关掉厕所里的灯也会降低成本”，不断采取切实可行的措施。这些细节看起来是微不足道的，然而同员工一起，一步步扎扎实实地削减经费，这便是打造高收益企业的最扎实有效的经营方法。

6. 杜绝浪费，将经费明细化

管理大师彼得·德鲁克说过：“作为一名企业家，应该做好两件事，第一件就是营销，第二是降低生产成本。其他都不要做。”

削减成本是企业都要面临的一个不可逃避的主题，成本的高低关系到企业的生死存亡。怎样控制和削减成本可以说是摆在企业管理层面前的首要难题。假如经营者学会了从每一个细节中削减一切不必要的成本，那么企业就可能获得成倍的利润，企业的综合实力也会得到进一步地提高。

京瓷创办之初，很少有公司进行月度结算，大多是每半年或一年才对公司的经营状况进行一次结算，因此就不能及时了解每个月的核算情况。然而京瓷却每个月都要进行一次月度结算，这在当时对日本企业界来说就是一大创举，而且在月末后的一周内就将该月度的损益情况统计出来，可谓令世人震惊。

而且，所有的结算和会计处理没有委托任何外面的会计事务所，而是由京瓷内部的经营管理部门独立制作出核算表，对于每天的业绩数据都了如指掌，并不断地采取一些改进和改良措施。

稻盛和夫也使用这样的核算表，他对核算的检查总是异常严格。例如，当他在巡视工厂的时候，倘若发现原材料或金属零件遗落在地上，就会警告周围的员工说：“你们考虑过这个原材料的成本吗？你是不是认为因为是从公司的款项中购进来的，就可以视而不见？假如是你们自己掏腰包买来的，即使是丢掉了一个，你们也会很心痛吧。假若没有这样的想法，你们怎么从事生产呢？对于工作，大家不能以一种被迫的心态去对待。”他每次巡视现场的时候，都会对员工谆谆告诫，如果看到地上遗落的原材料，必须将它捡起来。

在阿米巴的经营理念中，单位时间核算表还有一个特点，那就是通过金额的形式将工作的目标和成果直观地呈现出来。公司内部的一切票据中，除了填写上产品的数量以外，还要将金额细致地填写进去。因此，公司内部并非单纯的以数量作为收益标准，而是以金额作为标准。

每一个人在每一天都会使用金钱，这是日常生活中司空见惯的普遍现象。为了使第一线员工能在所投身的工作中切实地感受到金钱发生了转移，因此稻盛和夫规定必须在所有的票据上都要注明金额。

阿米巴经营就是主张尽可能地降低生产成本，将公司的东西都当作是自己的东西。单位时间核算表中即使有1日元的收入或者支出都要精确记账，以此来实现绝对精准的核算管理。单位时间核算表可以方便员工对核算进行管理，但是为了将经费开支控制到最低程度，还需要进一步对核算表中的经费开支项目进行细化。

稻盛和夫以陶瓷部件的制造工序为例来说明需要进行细化的原因。原料部门将已经调和好的原料以公司内部购销的方式来卖给成型部门，成型部门随后将陶瓷成型交由烧结部门，然后烧结晶又被用到下一道工序。在这种情况下，如果希望将电费削减下来，由于“水电费”包含电费开支和水费开支，因此不能准确掌握电费的实际损耗，因而有必要将水电费再细化成电费和水费。

接下来还应该全面掌握各个部门和各道工序所损耗的电费。表面上信誓旦旦地要削减电费，可是倘若不知道哪个部门或工序损耗的电费情况，就无从下手，也就对削减成本起不到很好的效果。

于是，京瓷在原料、成型、烧结等各道工序都安装上了电表，针对实际用电量来对经费开支进行分配，使员工们对各阿米巴的电费开支情况一目了然。像这样用金额来表示某部门实际花费的成本是非常重要的。如果有必要，还可以细化到某个设备的实际用电量，这就对提高削减经费开支非常有利了。

如果某个部门的“差旅费”迟迟降不下来，希望采取一些降低差旅费开支的措施。但是差旅费的开支项目非常的笼统，应该着重削减什么方面的差旅费就显得一时无从下手了。于是，就应该将所有的票据收集起来，将差旅费按照机票费、电车费、出租车费、住宿费等明细进行分类。如此一来就可以清晰地掌握应该对哪一方面的开支进行削减了。

或者还有一种方法，那就是每个员工对差旅费计划有一个掌握，在公司领导的指导下，员工合理使用差旅费，通过这样的方式削减差旅费支出。假如不这样对经费开支进行细化的话，“经费最小化”就得不到实现。针对实际需要，进一步细化核算表中的经费开支项目，采取符合实际情况的削减对策是非常必要的。

倘若希望以这样的方式来追求经费最小化，那么领导就应该对本部门的阿米巴经费情况准确地掌握，否则就制订不出相应的具体措施。单位时间核算表的各条项目是了解公司日常经营状况所不可或缺的一项重要指标，作为领导必须要对各项经费开支项目进行细致的分析，进行可以洞察一切的经费开支管理。

7. 阿米巴之间也需要合理的售价

在制造业，假如通过各道工序建立一个阿米巴组织，那么就能够在阿米巴之间形成半成品的购销关系，这时自然就需要有一个售价，因此必须要在阿米巴之间设定一个售价。如何在各道工序之间设定一个合理的售价，首先应该做的就是从销售给客户的最终售价着手。比如，一项陶瓷产品的生产完成，要经过原料部门、成型部门、烧结部门和加工部门等各道工序，各阿米巴组织之间的售价应该是以订单金额作为基础，从最终工序的加工部门到烧结部门、成型部门、原料部门进行依次分配。但是，因为只有订单价格才是判断各道工序之间买卖价格唯一的客观标准，因此在价格设定的时候需要特别注意。

那么应该怎样来决定各阿米巴组织之间的售价呢？首先，原则是从最终售价倒推来对各道工序的价格作出决定，倘若在决定了某项产品的售价之后，那么就通过生产该产品所需要各道工序的“单位时间”对阿米巴之间的售价作决定。这项产品销售给客户的价格定下来以后，就从最终的加工部门到烧结部门、成型部门，再到原料部门，倒过来依次对各阿米巴之间的购销价格作出决定。

这时候，某个部门因为设置了较高的售价而有较高的核算，反之，另一部门因为售价低廉，不管怎样努力也没办法实现核算上的平衡，所以会使阿米巴之间产生不公平的现象，容易引起矛盾。为防止这种现象的发生，在决定价格的时候，企业的经营者们必须制定使双方都能信服的相对公平的价格。在对阿米巴之间售价作出评判的时候，必须充分考虑究竟是哪一个部门产生的经费支出、劳动力、产品在技术上存在的难度、跟同类产品在市场上定价比较等因素，最终作出公平的裁决。也就是说，判断阿米巴之间售价的经营者必须以公正和公平进行裁决，而且要言之有据，令大家能够信服。

另外，为了作出比较公平的判断，决定价格的经营者还应该清晰地了解关于劳动价值的一些社会性常识。社会性常识就是关于劳动价值的常识，举例来说，一项电子设备如果销售出去，需要有百分之几的毛利、从事这一领域的员工的工资每个小时要支出多少、倘若是外包，则需要多少工钱，等等，对于这些情况必须要全面掌握和了解。

那么为什么需要这些知识呢？我们可以用一个具体的事例来证明。如果本公司生产的科技产品具有很高的附加值，因此每一道生产工序技术含量都非常高，但其中有一道生产工序相对简单，是由阿米巴A负责的。公司内部购销的定价是通过原则依据生产该产品的各道工序的阿米巴的相同“单位时间”来决定的，由于它本来就属于高附加值产品，因此所有工序都是根据高的“单位时间”进行定价的。

因此，单纯作业较多的阿米巴A也是根据高的“单位时间”进行定价的，跟外包费用做比较，阿米巴A应得的份额就会很高。假如阿米巴A的工作是一般市场行情的好几倍，那么即便是不努力也是稳赚不赔的。而其他工序的阿米巴B因为要付出高技术能力，而且在设备投资上还要增加各种费用，因此应该根据更高的附加价值进行合理分配。在这种情况下，为了防止阿米巴A不贪图暴利，具有社会常识的经营者就应该将阿米巴A的售价调整在一定的市场行情范围之内。

这种阿米巴之间的定价，应该由深刻了解各阿米巴工作的经营管理者，以社会常识为根据准确地判断阿米巴所需的经费支出和劳动力，并相应作出公平的售价。

在对一件事物进行判断时，最重要的就是经常要追根溯源，不失做人的基本道德和社会良知，以正确的做事方法作为判断标准。稻盛和夫自从27岁开始创业，直至现在都坚持以这种思想去经营。

我们常说正确做人，小的时候，父母就说过的“不可以这样做”“可以这样做”，上学的时候，老师会教导我们什么是善，什么是恶，这都是些非常朴素的伦理观。简单来说，可以用公平、公正、正义、努力、勇气、博爱、谦虚、诚实等这类的词汇表达。

在经营过程中，在考虑经营策略之前，稻盛和夫首先考虑的是“应该怎么做人”，并且以此作为判断的基础。

假若对任何事物都不去追根溯源，只是一味地跟风盲从，觉得自己没必要负责任进行思考和判断。也许有人认为，不管如何，只要是跟着别人做，就会万无一失，认为不是什么大不了的事情，不需要深入考虑。但是，经营者即使只有一点点这样的想法，很可能就会使企业走进谷底的深渊。无论多么细微的事，都应该追溯到原理原则，以此为基础进行彻底的考虑，那样做可能会非常的辛苦，但是，稻盛和夫就是这样一直做下去的，他始终都是以普遍正确的原则作为判断基准，因此他才能取得如此之大的成就。

在经营中一个不可或缺的环节——会计也完全一样，不应该跟着会计常识和习惯做法作出判断，而且重新问什么是本质，根据会计的原理原则判断。因此，稻盛和夫一般都不盲信所谓的“适当的会计基准”，而是从经营角度出发，关注为什么要这么做，其本质又是什么？

针对在会计领域根据原理原则判断，稻盛和夫举了一个固定资产折中的使用寿命作为案例分析。

有一次，他问财务部的负责人员：“为何要折旧买这些机器？”

他们回答稻盛先生：“机器虽然经常使用，但也不会改变它的形态，不像原材料那样，如果使用的话就会改变其原来的形态，甚至会消失，而且买来的机器可以一直用上好几年都没问题，假如一次性扣除所有的费用是不合情理的。可是，不停地使用，到最后要报废时才对其费用进行一次性扣除，显然也是不合理的。因此，正确做法是估计那机器可以好好运转多长时间、生产出多少产品，把费用划归到整个使用寿命期间。”稻盛和夫对这个回答非常满意。

关键是在财务常识上，使用寿命是根据所谓“法定使用寿命”来进行计算的，即参照日本大藏省颁布的一览表对折旧年限作出决定。

根据那张一览表，瓷粉成型设备应该归在“陶瓷黏土制品，耐火物品等的制造设备”一项，使用寿命被判定为12年。倘若依据这个规定，用于将硬度非常高的瓷粉成型因而造成磨损很严重的机器设备也要折旧12年。可是，磨砂糖和面粉用于做糕点的机器，磨损没有太过严重却归“面包或糕点类制造设备”，使用寿命仅有几年，甚至比陶瓷类的制造设备使用寿命还要短很多。

这是难以接受的，根据不同机器的正常使用寿命摊分费用是理所当然的，但是实际上却要被迫按“法定使用寿命”分类，经营者怎么能够随便接受？

这个所谓的“法定使用寿命”，是为重视“公半课税”制定的，没有对不同企业的不同情况进行具体的分析，就一律折旧。根据稻盛和夫的经验，如果一整天都开动设备磨瓷粉的话，即便是再小心的养护，机器最多可以支撑五六年时间。那么，折旧就应该根据设备实际使用寿命进行。

然而，财务、税务专家们会说：“尽管在结算处理时按6年折旧，但在税法上必须按12年折旧。”所以，假如那样做。前面6年的折旧费增加了，而利润却减少了。可是计算税的时候，又要根据法定使用寿命12年折旧，利润减少可是税不减少。

还有的专家觉得：“税务的使用寿命是由税法规定的，大家都应该遵循，特意做不同的事并不聪明。在实务上为小同折旧法做两本账也会遇到很多麻烦。”

很多经营者就是在这些所谓的专家们的意见面前屈服了：“是这样啊，那就这样吧。”

稻盛和夫认为即便实务常识如此，依照经营和会计的原理原则，即使同时要交税也应该折旧。假如用了6年就不能再用的东西要按12年折旧，那就是为不能用的东西不断折旧，也就是说在实际使用的6年期间少算的折旧费，其实要在之后的6年折旧。

“不将产生的费用计算在内，只看到眼前的利润”，这种做法，严重违反了经营原则和会计原则。公司若是一直这样经营下去，是不会有前途的，他们紧紧跟随着使用“法定使用寿命”的惯例，忘记了“什么是折旧”，“应该在经营上作出怎样的判断”这两个本质问题。

所以稻盛和夫决定，京瓷不遵循法定的使用寿命折旧，而是以设备的物理寿命、经济寿命作为标准进行判断，定出“自主使用寿命”折旧。更新换代特别快的通信设备，税法上规定是10年的使用寿命，稻盛和夫也把它大幅缩短。此后，京瓷在会计上实行“有税折旧”，在税务上另按税法规定的使用寿命计算折旧。

8. 灵活合理地进行价格定位

在产品经营过程中，适当的价格对于扩大产品销售量起着重要作用。这是因为价格是影响市场需求和购买行为的重要因素。价格定得合理，就可以扩大产品销售，提高市场占有率，增加企业利润；反之，则会使产品滞销，增加库存，积压资金。所以，一个好的产品不仅要有好的质量、好的推广方式，同时还要有一个适当的价格定位。尤其是在当今市场竞争激烈的情况下，价格定位更是重中之重。价格定高了，就没有竞争优势了，价格定低了亏损的风险就产生了。究竟价格定位定在多少才合适，要根据实际情况采取灵活的价格定位策略。

稻盛和夫认为，定价是一种管理方式，因为它直接决定了一个公司的经营成败。在京瓷公司的经营中，稻盛和夫极为重视对管理层人才的选拔，他希望录用具有商业头脑、懂得经营生意的人才与他一同管理公司。而在选聘京瓷公司的董事时，“是否能制定合理的产品价格”就是他选聘的标准之一。

稻盛和夫提出了用“如何经营拉面夜排档”的实践性考题来选聘董事的构思。在这个构思中，公司可以提供给应聘者全面的筹备条件，包括购置面馆所需设备的资金，在几个月的面条生意经营中，看谁获利最多。公司通过这种竞争的方法将人才选拔出来。之所以构想这个试题，是因为稻盛和夫认为，在做面条生意的过程中，包含了经营的所有内容，如何做面条生意，浓缩了经营的各种要素，仅从如何定价一条，就可以判断出应试者是否具备商业才干。

在做面条生意的过程中，做何种面、选用何种材料决定了一碗面条的档次不同；面馆选址的地段不同，营业时间就不同，面对的顾客类型也不同，这些都体现着应试者的经营哲学。当这些定下来后，定价就成了影响经营的又一重要因素了。稻盛和夫认为，如果面馆开在学生街，就要薄利多销；如果开在闹市区，不妨做高档美味拉面，即使定价较高，卖得少照样可以赢利。

正是因为这个看似不起眼的面馆经营却具备了经营的各种要素，所以稻盛和夫觉得这样的考题，能判断出候选者有无商才，从而能为选聘董事把关。当然，这只是一个考题构思而已，因为实施方面有难度，所以最终没有推行。但我们从稻盛和夫在试题中着重强调定价的这一点，就能明白，产品定价事关企业生死存亡，是决定企业经营成败的关键环节。

懂得经营才能看清产品在市场中的卖点，从而清楚应当如何定价。由洞悉市场、懂得经营企业高层为产品定价是企业定价的通行做法。如果不能看清全局、谨慎权衡，就极易导致定价错误，产生损失。比如，有家店铺，为了招揽顾客推出了很低的折扣，顾客是蜂拥而至了，可是，没多久这家店也宣告倒闭了。稻盛和夫说，这种结果就是由错误的价格策略，再加上管理上的疏忽导致的。由此可见，如果定价策略有误，企业经营将难以成功。

稻盛和夫的定价策略，体现了他在经营上的大智慧：对产品的合理定价，源于对市场、对顾客的全面把握，要做到这一点，企业必须在市场经济中站到双赢的高视角，才能兼顾顾客的最大满意与企业的长远发展。

产品价格的高低，受到许多因素的影响，企业制定价格的时候，往往不能面面俱到，只能侧重某一个方面的因素。定价方法大体有以下几种：

（1）成本加成定价法。指按照单位成本加上一定百分比的加成制定产品销售价格。加成的含义即一定比率的利润。这种方法使用的比较普遍，它的优点是可以简化定价程序，同时对买卖双方都比较公平。加成率的制定可以参考竞争者的同类产品的价格，既要保证企业获取利润，又不能大大高于同类产品价格。

（2）目标定价法。指根据估计的销售额和销售量制定价格。

首先，要估计各种不同时期的产量和总成本；其次，估计未来的销售量；最后，计算投资回报率。此方法的最大缺点是：根据销售量制定价格，而价格恰恰是影响销售量的重要因素。

（3）认知价值定价法。就是企业根据购买者对产品的认知价值制定价格。此方法的关键在于准确计算产品所提供的市场认知价值。然后，在此价值及价格下估计销售数量，决定所需的产量、投资和单位成本，计算利润。

（4）随行就市定价法。指企业按照行业的平均现行价格水平定价。此种方法是同质产品市场的惯用定价方法。在产品难以估算成本，企业打算与同行和平相处，如果另行定价，很难了解购买者和竞争者对本企业价格反应的情况下，经常采用此方法。

（5）公开投标法。这种价格是供货企业根据对竞争者的报价的估计制定的，而不是按照供货企业自己的成本费用或市场需求制定的。供货企业的目的在于赢得合同，所以它的报价应低于竞争对手的报价，但不能将其价格定得低于边际成本，以免使其经营状况恶化。

产品的定价是营销策略中一个十分重要的问题。它关系到产品能否顺利地进入市场，能否站稳市场，关系到企业能否实现利润最大化。然而，在企业的市场营销战略实践中，定价决策的地位一度被忽视。据《商业周刊》的调查，直至20世纪80年代中叶，高层营销主管才基本上认同定价决策是他们的主要职能之一。作为营销主管，应该经常研究定价政策，根据销售预测和市场占有率的大小，来决定并采取对企业有利的定价策略。